黄河國家治理文獻集成（清代卷）第三十六册

《黄河國家治理文獻集成》編委會　編

總第五十二册

清代漢文朱批奏摺黄河治理資料輯録（一）

張曉東　輯

內蒙古出版集團
內蒙古人民出版社

圖書在版編目（CIP）數據

清代漢文朱批奏摺黄河治理資料輯録．一 / 張曉東輯．-- 呼和浩特 ：内蒙古人民出版社，2025. 8.
（黄河國家治理文獻集成）. -- ISBN 978-7-204-16488-2

Ⅰ．TV882.1

中國國家版本館 CIP 數據核字第 20254CA440 號

清代漢文朱批奏摺黄河治理資料輯録（一）

輯　　録　張曉東
策劃編輯　王　瑶
責任編輯　王　瑶
裝幀設計　劉那日蘇　吉　雅　安立新
責任監印　包鐵柱
出版發行　内蒙古出版集團　内蒙古人民出版社
地　　址　呼和浩特市新城區中山東路 8 號波士名人國際 B 座 5 層
網　　址　http：//www.impph.cn
印　　刷　内蒙古愛信達教育印務有限責任公司
開　　本　880mm × 1230mm　1/16
印　　張　22
字　　數　270 千
版　　次　2025 年 8 月第 1 版
印　　次　2025 年 8 月第 1 次印刷
印　　數　1—1000 册
書　　號　ISBN 978-7-204-16488-2
定　　價　183.00 元

編纂委員會

主　　任　陳利保

副 主 任　周承英　吴義學　王　瑶

成　　員　賈大明　何可欣　董立群　羅　婧　王曉俊　董麗娟
白　玲　特日格勒　徐　飛　李月琪　王麗燕　李　琳

主　　編　董　杰

副 主 編　張曉東　曹　玲

委　　員（按姓氏筆畫排序）
王　丹　王智慧　王鑫義　白胡日查　朱紫陽　李　萌
李新蕊　姚亞菲　陳　思　曹佳興　梁芹洋　張文文
張　岩　張博原　張　祺　張曉英　喬恩懋　賀　莎
楊　怡　楊建國　楊　承　霍燕平　魏雪剛

引言

千古河流成沃野，幾年沙勢自風湍。

得益于黄河冲積所帶來的疏松土質和有機物，中華先民利用石製工具開始了農業生産，并逐步發展出旱地粟作農業，『能够最大程度保障食物供給的穩定性，奠定了中華文明起源和形成的堅實基礎』[一]。而利用河水灌溉，提高區域可預測農業産量，『在産業史上起着最有决定性的作用』[二]。隨後，技術進步、經濟發展、人口增加，讓先民的文化生活大爲豐富。嚴文明先生評價道：『這是一場影響深遠的革命。』[三]在這場革命中，平衡水、沙、産、人四者之間的關係，始終是黄河治理的核心問題。四者關係一旦失衡，就容易引發諸多灾患。

歷史上，黄河下游因人口稠密、經濟發達，一直是學術界關注的重點。但自河源至今内蒙古托克托縣河口鎮的黄河上、中游區域，雖遠離王畿，人口稀疏，却也一直備受關注，人們逐步認識到黄河全流域治理是國家的重要任務。《漢書》載：『堤防之作，近起戰國，雍防百川，各以自利。』[四]没有全流域的協同治理，僅靠各地分段築堤，則黄河河患無法解决。秦建立了中國歷史上第一個中央集權大一統王朝，秦始皇東巡碣石，刻石銘記『决通川防，夷去險阻』[五]，開啓中央政府調動各要素治黄之先河，這『在中國，實質上是國家的一種職能』〔六〕。同時，國家通過對黄河的有效治理，爲沿黄流域人民群衆乃至其他地區人民群衆提供了重要的公共物品和産業支撑，成爲人民群衆眼中中央政府的功過評價指標之一。因此，治黄在增强沿黄各族群國家、政治、文化認同的基礎上，强化了中國大一統國家的合法性，成爲歷代國家治理能力的一個重要測度。

一、黄河治理維護了國家的社會穩定

從秦并六國到漢朝建立大一統國家，中國統一的多民族國家形成并得到初步發展。當時中央政府對所轄疆域有『北邊郡』和『内郡』之稱。内蒙古額濟納旗出土的居延漢簡有載，『猳（豭）田以鐵器爲本北邊郡毋鐵官印器内郡令郡以時博賣予細民毋令豪富吏民得多取販賣細民』，可以看出北邊郡是與内郡相對應的行政管轄區域。《史記》卷二十八『封禪書第六』載：『上乃遂去，並（并）海上，北至碣石，巡自遼西，歷北邊至九原。』〔七〕。《史記》卷三十『平準書第八』載：『天子北至朔方，東到太山，巡海上，並（并）北邊以歸。』〔八〕司馬遷多次提及北邊，足見統治者對北邊治理的重視。

漢武帝時，齊人延年提出從今内蒙古引黄河水經今北京一帶，向東注入渤海，以衛北部邊疆。『是時方事匈奴，興功利，言便宜者甚衆。齊人延年上書言：「河出昆侖，經中國，注勃海，是其地勢西北高而東南下也。可案圖書，觀地形，令水工準高下，開大河上領，出之胡中，東注之海。如此，關東長無水災（灾），北邊不憂匈奴，可以省隄（堤）防備塞，士卒轉輸，胡寇侵盗（盗），覆軍殺將，暴骨原野之患。天下常備匈奴而不憂百越者，以其水絶壤斷也。此功壹（一）成，萬世大利。』[九]《史記》卷二十四『樂書第二』載：『天馬來兮從西極，經萬里兮歸有德。承靈威兮降外國，涉流沙兮四夷服。』[十]如今，包頭地區出土了『四夷盡服』瓦當，出土文物與傳世文獻的呼應，成爲黄河治理維護祖國北部邊疆穩定的見證。

《史記》卷三十『平準書第八』載：『嚴助、朱買臣等招來東甌，事兩越，江淮之閒（間）蕭然煩費矣。唐蒙、司馬相如開路西南夷，鑿山通道千餘里，以廣巴蜀，巴蜀之民罷焉。彭吴（吴）賈滅朝鮮，置滄海之郡，則燕齊之閒（間）靡然發動。及王恢設謀馬邑，匈奴絶和親，侵擾北邊，兵連而不解，天下苦其勞，而干戈日滋。』[十一]清代《汾陽縣志》卷十三『藝文』收録曹學閔《開修黄蘆嶺車路紀德政碑記》，上載：『永寧州，界連西陲，北達邊外歸綏諸路，商賈遠貿粟麥，泛皮船隨黄流南下，聚于州西磧口，一府之民仰利賴焉。而東至太原，南抵平陽，州縣凡二十餘，亦視汾爲橐籥，蓋所繫非特一方生計矣。』[十二]民國時期，東北淪陷後，開發西北刻不容緩，而『黄河中游之水利，自應加以擴充及整理，藉（借）收桑榆之效，以挽狂瀾於（于）萬一』[十三]。

因黄河流域自然條件優越，歷朝歷代都十分重視對此地的開發，通過强有力的國家干預方式推動各類産業的發展，爲中國北部疆域的形成和社會穩定奠定了基礎。

二、民族交往、物資交流、技術轉移促成黄河治理共同體

《史記》卷十五『六國年表第三』載：秦始皇三十三年（前214），『築長城河上，蒙恬將三十萬』[十四]。這數十萬人中，擁有一技之長的人員不在少數。由此，邊地人口不斷增多，而豐富的物産則促進了商品交流與統一市場的形成。西漢《鹽鐵論·力耕第二》記録了『异物内流』的情形：『是以羸（騾）驢馲駞（駝），銜尾入塞，驒騱騵馬，盡爲我畜，鼲鼦狐貉，采旃文罽，充於（于）内府，而璧玉珊瑚瑠（琉）璃，咸爲國之寶。』[十五]此後，黄河北岸的『羸（騾）驢馲駞（駝）』『驒騱騵馬』『鼲鼦狐貉』『采旃文罽』與西南織錦、中原麻織、農作物等物資相互交流，逐步形成統一的國内大市場，加强了邊疆與其他地區的經濟聯繫，促進了邊疆特色産業的發展。

隨着民族交往交流交融的增强，清代以降，黄河流域内蒙古段輸入到内地的也不僅僅是『异寶』了。《綏遠通志稿·水路》載：『自乾隆以還。口外墾殖日廣。民殷物阜。出境之油、糧、鹽、鹼（碱）、甘草各貨。入境之日用雜貨。山西與歸綏往來之商運。凡經河路者皆以托屬河口爲唯一之碼頭。』[十六]從清乾隆年間到民國時期，由内蒙古經黄河運到山西的貨物有糧、油、鹽、碱、藥材、皮毛等，其中以糧油爲最大宗。糧食品種主要有糜黍、穀子、高粱、豆類及玉米、大小麥

等，油料主要是胡麻。内蒙古供貨支綫有從阿拉善盟阿拉善左旗吉蘭泰鹽池到山西吕梁市磧口鎮的運鹽駝路，五原縣、臨河區一帶各大幹渠的運糧水道，杭錦旗、達拉特旗的甘草馱運綫，鄂托克旗的運碱駝路。内蒙古段各條支綫以供貨爲主，山西段若干支綫以運銷爲主。

《臨縣志》載：『清朝乾隆至民國年間，陝、甘、綏、蒙等地的物資，通過此航綫運達磧口，再用牲口馱運到離石、吴城，轉運至東路（汾、平、介、孝等縣）。據民國 20 年（1931）統計，每年從綏遠磴口航至磧口的貨船不下 4000 餘艘』，『是陝、甘、綏、寧與晋西北物資集散之重鎮』。〔十七〕可見，内蒙古在甘肅、寧夏與陝西、山西等沿黄上下游物資交易中起到了重要的聯結作用；同時也吸引了山西、陝北、河北、山東、甘肅等地的農民遷移至此，并將開渠打壩、引水澆地等農業生産技術、手工技術和商業貿易經營方式帶到這裏。他們在此扎根，除了從事農業生産外，還挖甘草、下窑背炭、在黄河上拉船、在沙漠中拉駱駝、打短工放冬羊、開碾磨油坊，等等。不同地域、不同民族的人們合力修築河渠、引水興業，逐漸形成休戚與共的共同體。其間積纍的産品交易、商業管理、社會治理等方面的經驗，在今天依然有借鑒意義。

清代『首重治河，探河源以窮水患』〔十八〕，但更深層次的考量是『宣揚大一統及增强國家認同』〔十九〕。黄河流域人口基數大、分布廣，而全流域治理理念將不同地區、不同民族的人們凝聚成命運共同體，而『大一統』理念正是這一治理實踐的核心主題。

三、黄河流域拓展了中國的發展空間

早期統治者因巡幸及邊防建設所需，統籌管理沿黄河運與秦直道等沿黄馬道，維持着中央政府對北邊的有效治理。河套平原引黄渠道的建設爲秦漢王朝屯田事業提供了基本的水利保證，并將這些區域變成防禦北部邊患的大後方與根據地。于是，沿黄馬道、沿黄河運與萬里茶道、草原絲路等陸路運輸聯通起來，促進了中華文明與其他文明的交流互鑒，拓展了新的發展空間。

新中國成立之後，沿黄各族兒女在中國共産黨的領導下團結合作、艱苦奮鬥，實現了大河安瀾。黄河流域建立起行之有效的防洪抗汛機制，支撑着沿岸的産業發展，改善了周邊生態環境。當代治黄史證明，正是由于中國共産黨的正確領導以及集中力量辦大事的制度優勢，纔從根本上減輕了河患的威脅。進入新時代，黄河流域在築牢安瀾根基的同時，以蓬勃活力拓展着中國的發展空間。沿黄九省區在協同發展中不斷釋放潛力，讓黄河流域成爲國家區域協調發展戰略中不可或缺的重要一極，爲中國的發展源源不斷地注入新動能。

綜上所述，黄河流域的治理不是單純的河道治理、生態環境治理或社會治理，而是一種關涉水、沙、産、人四者關係的系統性、協同性治理，是推動國家可持續發展的動力，也是厘清國家治理與邊疆治理兩者動態交互實際效果的絶佳視角。而黄河工程等『中國本土理論資源、學術積纍』〔二十〕，有助于研究國家治理的演進歷程。進入新時代，黄河治理與國家治理的關係研究不斷開闢新視角、持續涌現新成果，其中鑄牢中華民族共同體意識、邊疆治理與黄河流域生態保護和高質量發展成爲非常重要的研究視角。因此，基于這一角度搜集整理黄河國家治理文獻，意義重大。《黄河國家治理文獻集成》，應運而生。

本叢書系統梳理了黄河治理的歷史脉絡與經驗，既爲新時代黄河流域生態保護和高質量發展提供了歷史鏡鑒，更以文獻爲載體，傳承了治理智慧、凝聚了民族力量，是服務國家發展戰略、鑄牢中華民族共同體意識的重要學術實踐。

《黄河國家治理文獻集成》編委會

二〇二五年一月

〔一〕韓建業：《中華文明的起源和形成》，載《中華民族共同體研究》2022年第4期，第80–91+172頁。

〔二〕中共中央馬克思恩格斯列寧斯大林著作編譯局：《馬克思恩格斯選集》第二卷，人民出版社，2014年，第240頁。

〔三〕嚴文明：《黄河流域文明的發祥與發展》，載《華夏考古》1997年第1期，第49–54+113頁。

〔四〕（漢）班固：《漢書》卷二十九「溝洫志第九」，中華書局，1964年，第1692頁。

〔五〕（漢）司馬遷：《史記》卷六「秦始皇本紀第六」，中華書局，1963年，第252頁。

〔六〕冀朝鼎：《中國歷史上的基本經濟區與水利事業的發展》，朱詩鰲譯，中國社會科學出版社，1981年，第7頁。

〔七〕（漢）司馬遷：《史記》卷二十八「封禪書第六」，中華書局，1963年，第1398–1399頁。

〔八〕（漢）司馬遷：《史記》卷三十「平準書第八」，中華書局，1963年，第1441頁。

〔九〕（漢）班固：《漢書》卷二十九「溝洫志第九」，中華書局，1964年，第1686頁。

〔十〕（漢）司馬遷：《史記》卷二十四「樂書第二」，中華書局，1963年，第1178頁。

〔十一〕（漢）司馬遷：《史記》卷三十「平準書第八」，中華書局，1963年，第1420–1421頁。

〔十二〕（清）方家駒修，（清）王文員纂：《汾陽縣志》卷十三「藝文」，清光緒十年刻本，第57–58頁。

〔十三〕王華棠、劉錫彤、吴樹德：《黄河中游調查報告》，華北水利委員會編印，1934年，第1頁。

〔十四〕（漢）司馬遷：《史記》卷十五「六國年表第三」，中華書局，1963年，第758頁。

〔十五〕王利器：《鹽鐵論校注》，中華書局，1992年，第28頁。

〔十六〕綏遠通志館：《綏遠通志稿》第十册，内蒙古人民出版社，2007年，第176頁。

〔十七〕臨縣志編纂委員會：《臨縣志》，海潮出版社，1994年，第273、321頁。

〔十八〕趙爾巽等：《清史稿》卷一二六「河渠一」，中華書局，1977年，第3715頁。

〔十九〕劉惠：《乾隆朝重構黄河河源的實踐與國家認同》，載《清華大學學報》（哲學社會科學版）2018年2期，第147–154+195頁。

〔二十〕許耀桐：《當代中國「治理」概念的演進探析》，載《國家現代化建設研究》2023年3期，第100–111頁。

出版前言

黄河，中華民族的母親河，她不僅孕育了中華文明，更見證了中華民族數千年的發展歷程。習近平總書記深刻指出：『從某種意義上講，中華民族治理黄河的歷史也是一部治國史。』這一重要論述，爲新時代黄河文化的保護傳承以及流域治理提供了根本遵循，也深刻揭示了黄河治理在國家發展和民族復興進程中的核心地位。在學習貫徹習近平新時代中國特色社會主義思想，積極響應國家黄河流域生態保護和高質量發展重大戰略，大力推進北疆文化建設的背景下，《黄河國家治理文獻集成》的編纂出版，具有重要的歷史意義、學術價值與現實指導意義。

黄河治理，自古以來就是國家的頭等大事。從遠古時期大禹治水，到當代運用科學技術進行系統治理，中華民族在數千年的時間裏，積纍了豐富的治河經驗，留下了浩如烟海的文獻遺産。《黄河國家治理文獻集成》收録了元代至民國時期古籍、朱批奏摺、期刊圖片等多模態文獻資源。這些文獻内容豐富、維度多元，既包含記載河工技術、治理方略等的專書，又有漢文朱批奏摺、工程檔案以及不同區域的調查研究報告等。民國時期的文獻則標志着現代水利科學開始融入黄河治理，展現了我國水利事業在時代變革中的創新與發展。近代照片的收録則以更加直觀的方式將黄河治理、黄河沿岸的風貌呈現給讀者。

該文獻的出版，不僅是對瀕危黄河文化遺産的及時搶救與保護，更是對我國水利史、國家治理史、邊疆治理研究學術鏈條的重要補充，具有較高的文獻價值和學術意義。尤爲重要的是，這一集成工作，深度契合鑄牢中華民族共同體意識這一全黨全國各族人民的共同任務。各民族在治理黄河的歷史進程中，緊密協作、共同探索，這些珍貴文獻便是各民族交往交流交融和中華文明認同的生動見證。對這些文獻進行整理出版，能够讓各族人民更加深刻地認識到，在歷史長河中，各民族共同爲黄河治理貢獻了力量，共同守護了家園，從而進一步增强對中華民族共同體的認同感與歸屬感，夯實鑄牢中華民族共同體意識的歷史根基。

《黄河國家治理文獻集成》以『國家治理』爲核心綫索，構建起一個全面、系統、多維的文獻體系：在時間跨度上，聚焦從元代至民國這一傳統治河向現代水利轉型的歷史時期，爲深入研究我國水利事業的發展脉絡提供了清晰的時間坐標；在内容分類上，細緻劃分爲技術專著、工程檔案、區域研究、朱批奏摺、科學報告、圖片等類别，涵蓋黄河治理的各個方面，從不同角度展現了我國在黄河治理上的探索與實踐；在版本選擇上，秉持嚴謹、科學的態度，確保文獻内容的準確性與代表性，爲學術研究奠定堅實基礎。

在編纂過程中，叢書特别注重『全流域治理』的理念，不僅收録了有關下游防洪治河的重要文獻，還涵蓋了中游地區水土保持以及上游地區灌溉開發等方面的珍貴記載。這種對黄河全流域治理的全方位關注，與當前『共同抓好大保護，協同推進大治理』的要求高度契合，充分體現了叢書在傳承歷史文化遺産的同時，緊密服務于當代國家發展戰略的時代價值。

在出版過程中，嚴格保持原書的版式與行款，最大程度地還原文獻原貌。對于部分出現黴變、殘缺的頁面，運用先進的數字化修復技術進行精心處理，在保留原始批注與印章痕迹的基礎上，兼顧了文物的真實性與文獻的可讀性。

此外，爲了更好地服務讀者，方便學術研究，本叢書新增了目録、提要等内容，這些新增部分由編委會精心撰寫。新增目録一般編製二級，個别圖書編製三級；原書有目録而内文無對應標題的，根據原書目録照録；原書目録爲關鍵詞或者其他情况的不編製目録；原書目録與内文不一致的，以原書内文爲準；原書無目録的，按卷端、版心或其他部分輯録；一册書中收録多種圖書的，以書名爲一級標題，編製二或三級。在文字使用上，統一使用現代漢語規範繁體字，對于原版文獻中的异體字、避諱字也使用現代規範繁體字，無對應規範繁體字的保留原字。

《黄河國家治理文獻集成》的出版，是對黄河文化遺産的一次系統性、搶救性保護，具有重大而深遠的現實意義：從學術價值層面來看，叢書成功構建起一座連接傳統與現代治黄文獻的橋梁，爲黄河流域生態保護、水利工程史、國家治理史、邊疆治理、中華民族共同體學等多個領域的學術研究提供了豐富、翔實的基礎文獻，有力推動了相關學科的發展與創新；從文化價值角度而言，生動展現了北疆文化與黄河文化在歷史長河中的交融共生，爲内蒙古『北疆文化』品牌建設提供了堅實的文獻支撑，進一步豐富了中華文化的内涵與外延；從實踐價值方面考量，書中所藴含的治河理念爲我們在新時代背景下實現人與自然和諧共生、推動黄河流域可持續發展提供了寶貴的歷史經驗與智慧啓示。

在此，我們要衷心感謝各藏書機構的大力支持，正是他們提供了珍貴底本資源，纔使得本叢書的編纂出版成爲可能。同時，我們也要向文化遺産智能應用服務中華民族共同體建設『英才興蒙』團隊致以崇高的敬意，他們歷經五年的辛勤耕耘，以嚴謹的治學態度和專業的學術素養，對文獻進行了系統的整理和輯録，爲叢書的内容質量提供了堅實保障。此外，我們還要特别感謝内蒙古自治區黨委宣傳部、内蒙古出版集團將本叢書納入『北疆文庫』重點項目，并在出版過程中給予全方位支持與幫助。

我們衷心期待，這套凝聚着無數心血與智慧的《黄河國家治理文獻集成》，能够在新時代的『黄河大合唱』中奏響歷史的强音，爲黄河流域生態保護和高質量發展注入强大的歷史動力，讓黄河文化在保護中傳承，在傳承中創新，在創新中不斷發展，綻放出更加絢爛的光彩。同時，希望這套叢書能够成爲促進各民族文化交流、鑄牢中華民族共同體意識的重要載體，助力各民族更加緊密地團結在一起，共同爲實現中華民族偉大復興的中國夢而努力奮鬥，讓中華民族共同體意識在黄河文化的滋養下，扎根于每一位中華兒女的心中，成爲推動中華民族不斷前進的强大精神力量。

提要

《清代漢文朱批奏摺黄河治理資料輯録》共10册，收録清代康熙四十四年（1705）至咸豐三年（1853）關于黄河治理的漢文朱批奏摺1000件，以時間爲序編排，每篇奏摺均保留朱批痕迹，真實呈現了清代黄河治理的决策與執行過程。

所收録的奏摺内容包括工程實踐（如堤埽、堤壩與河道工程的修建和維護）、防汛體系（如水情監測、灾情預警與應急響應）、綜合管理（如河道管理、跨區域協調、物料與經費管理、漕運管理）、治河制度與管理機制、灾害影響及灾民撫恤等。

第一册收録康熙四十四年（1705）至雍正七年（1729）的100件奏摺。第二册收録雍正七年（1729）至乾隆二十年（1755）的120件奏摺。第三册收録乾隆二十年（1755）至乾隆三十八年（1773）的130件奏摺。第四册收録乾隆三十九年（1774）至乾隆四十六年（1781）的110件奏摺。第五册收録乾隆四十六年（1781）至乾隆五十二年（1787）的110件奏摺。第六册收録乾隆五十三年（1788）至清嘉慶六年（1801）的100件奏摺。第七册收録嘉慶六年（1801）至嘉慶二十二年（1817）的90件奏摺。第八册收録道光三年（1823）至道光十六年（1836）的60件奏摺。第九册收録道光十六年（1836）至道光二十五年（1845）的80件奏摺。第十册收録道光二十五年（1845）至咸豐三年（1853）的100件奏摺。

目録

件一　奏報清黄河水交漲但沿江圩田收成好及江廣各處鹽價漸長（漲）　一
件二　奏報南陽汝寧等府十至十一月得雪尺寸并米價及敲鑿黄河冰結以利漕船行旅　三
件三　奏報黄河南北兩岸自滎澤縣以下修築堤防情形　六
件四　奏報河南大雨黄河水驟長（漲）成灾并派員查勘堵塞　九
件五　奏陳黄河决口堤壩塌陷即募夫鑲填搶護　一二
件六　奏報欽奉上諭并遵旨查勘黄河兩岸堤工　一七
件七　奏請動用豫省羨餘幫築黄河兩岸堤工　一九
件八　奏陳河南全省地方雨水調匀麥已豐收并蝗蟲搜撲黄河兩岸工程嚴飭防護等事　二一
件九　奏報黄河伏汛水勢平穩情形　二三
件一〇　奏報豫省黄河伏汛安瀾情形　二七
件一一　奏謝恩賜寶丹一盒并陳黄河河工及京城内中外官員官箴　二九
件一二　奏報海水泛漲黄河海口工程平穩　四二
件一三　奏報赴豫催攢加幫黄河堤工　四五
件一四　奏報秋汛豫省黄河水勢情形　四八
件一五　奏報祥符縣黄河水勢南趨并請挑挖引河以順水勢　五一
件一六　奏爲料理黄河工程并回江南日期　五四

件一七　奏報山西省雨水沾足　五七
件一八　奏報江蘇省得雨情形并黄河漫溢海潮退發事　五九
件一九　奏報黄河漫塌情形　六二
件二〇　奏報勘查黄河漫塌儀封等縣之堤工情形　六五
件二一　奏報河南黄河南北岸堤工决口水至太行堤下　七一
件二二　奏爲黄河决口糧船暫停駱馬湖口由　七三
件二三　奏報黄河桃汛水勢工程平穩情形　七五
件二四　奏報豫省黄河水勢平穩并嚴催勒限堅築南北兩岸堤工　七七
件二五　奏爲留心防護黄河伏汛水勢并繳朱諭　八〇
件二六　奏明七月内黄河工程水勢平穩　八五
件二七　奏報豫省黄河兩岸工程水勢平穩　八九
件二八　奏報八月内黄河工程水勢平穩情形　九三
件二九　奏報黄河秋汛將過工程及水勢平穩　九五
件三〇　奏報巡察河南黄河以南地方情形并查驗驛馬及請旨回京面奏　九八
件三一　呈獻黄河安瀾圖　一〇二
件三二　奏報查勘黄河各工程河堤情形　一〇五
件三三　奏報淮北一帶黄河澄清祥瑞事　一一二
件三四　奏報黄河澄清情形　一一四
件三五　奏報黄河澄清日期　一一七

件三六　請安摺（黄綾）　一二〇
件三七　奏報黄河澄清日期　一二一
件三八　奏謝命臣兼管曹縣等地近黄河處一切修築堤岸工程　一二四
件三九　奏報黄河澄清日期　一二八
件四〇　請安摺（黄綾）　一三一
件四一　奏陳清查山東省黄河額夫工食積弊仰請聖裁杜虚冒以收實效事　一三三
件四二　奏陳山東省黄河堤埽工程事　一三七
件四三　奏謝恩賜御書魏徵上太宗十思疏全幅　一四一
件四四　請安摺（黄綾）　一四四
件四五　奏查閲山東黄河曹縣芝麻莊埽壩工程修理所存料物不足先將大堤徭夫歲修銀兩通融購備俟布政司銀兩解到給還　一四五
件四六　奏報爲救險于未然以節帑項以切坡之法防止黄河大溜頂衝及掃灣之處河崖汕塌事　一四八
件四七　奏賀黄河水清瑞事　一五一
件四八　奏報辦理募夫興修堤工查勘各處堤埽工程并前往武陟縣陪祭河神日期　一五五
件四九　奏謝恩賜克食摺　一五八
件五〇　請安摺（黄綾）　一六一
件五一　奏謝聖訓并敬謹遵行　一六二
件五二　奏謝聖訓并賀新春正月黄河澄清　一六六
件五三　奏報豫省黄河工程平穩事　一六九

件五四　奏報至武陟縣嘉應觀祭河神并回汛日期　一七一
件五五　奏報動庫銀修築山東芝麻莊河道工程并嚴檄行提兗寧道徐德俶到工出資效力　一七四
件五六　奏謝恩賜蓮心茶　一七八
件五七　奏謝恩賜克食紅櫻桃乾等物　一八一
件五八　奏報豫省黄河水勢長（漲）發工程平穩　一八四
件五九　奏奉聖訓并加謹修防黄河長堤等事　一八六
件六〇　奏報河南省黄河南北兩岸水勢工程平穩　一九〇
件六一　奏報山東黄河堤工加幫增倍并請除徭夫陋規　一九三
件六二　奏報伏汛將竣并沁水黄河水勢工程平穩　一九七
件六三　奏報河南省得雨日期暨黄河汛水平穩情形　一九九
件六四　奏報河南省秋雨日期暨黄河汛水平穩情形　二〇二
件六五　奏謝恩賜荔枝　二〇五
件六六　奏報秋汛水勢工程平穩情形　二〇八
件六七　請安摺（黄綾）　二一一
件六八　奏謝恩賜欽定詩經傳説彙纂全部　二一二
件六九　奏報黄河摺緣由摺　二一五
件七〇　恭賀萬壽摺（黄綾）　二一八
件七一　奏報河身刷深情形摺　二三一
件七二　奏謝恩賜哈密瓜摺　二三四

件七三　奏報開挑引河以固大堤摺　二二七
件七四　奏報運河暢流摺　二三一
件七五　奏報欽奉上諭摺　二三四
件七六　奏謝恩賜克食摺　二三九
件七七　奏謝恩賜御書福字摺　二四二
件七八　奏報預籌河工事宜摺　二四五
件七九　奏謝恩賜養廉銀兩摺　二四八
件八〇　奏報欽奉口傳上諭摺　二五二
件八一　奏報估修河工摺　二五五
件八二　奏謝命補授兵部尚書仍辦理河工事務　二五九
件八三　恭報蘭陽新險工程搶護平穩　二六三
件八四　奏謝恩賜珊瑚帽頂摺　二六八
件八五　奏報五月水勢工程平穩摺　二七一
件八六　奏報六月水勢工程平穩摺　二七四
件八七　奏謝恩賜新製磁（瓷）器摺　二七七
件八八　奏謝恩賜荔枝摺　二八〇
件八九　奏謝恩賜臣母綢緞摺　二八三
件九〇　恭奏豫省黄河秋汛水勢情形及中泓刷深丈尺事　二八六
件九一　恭報八月水勢工程平穩情形事　二八九

件九二　奏報御史徐湛恩在委署濟東道印務時因循舊規冒昧取用庫款二千餘兩作爲養廉之項今願設措還項祈代陳事　二九三
件九三　奏謝恩賜克食　二九六
件九四　奏爲秋汛已竣工程平穩事　二九九
件九五　奏請御書匾額懸挂臣父牌位之上以光輝山岳　三〇二
件九六　奏爲協辦河務左僉都御史徐湛恩養廉事請皇上恩賜　三〇六
件九七　奏謝恩賜哈密瓜　三〇九
件九八　奏謝恩賜湯羊全隻　三一二
件九九　奏爲運河水勢深通黄河料物齊備　三一五
件一〇〇　奏爲代僉都御史徐湛恩叩謝恩賜養廉款項事　三一八
後記　三二三

一

奏

江寧織造通政使司通政使臣曹寅謹

奏今年清黄交漲河水甚大較之往年大水微遜目下已退数尺沿江圩

田雖淹山田大熟亦係収成之年臣蒙

恩高厚惟有實心辦事以効犬馬近因勤於割引而江廣各處鹽價漸長衆

商咸賴

皇仁大有起色合並

奏

聞

知道了

康熙肆拾肆年柒月初壹日

捐收成及鹽務

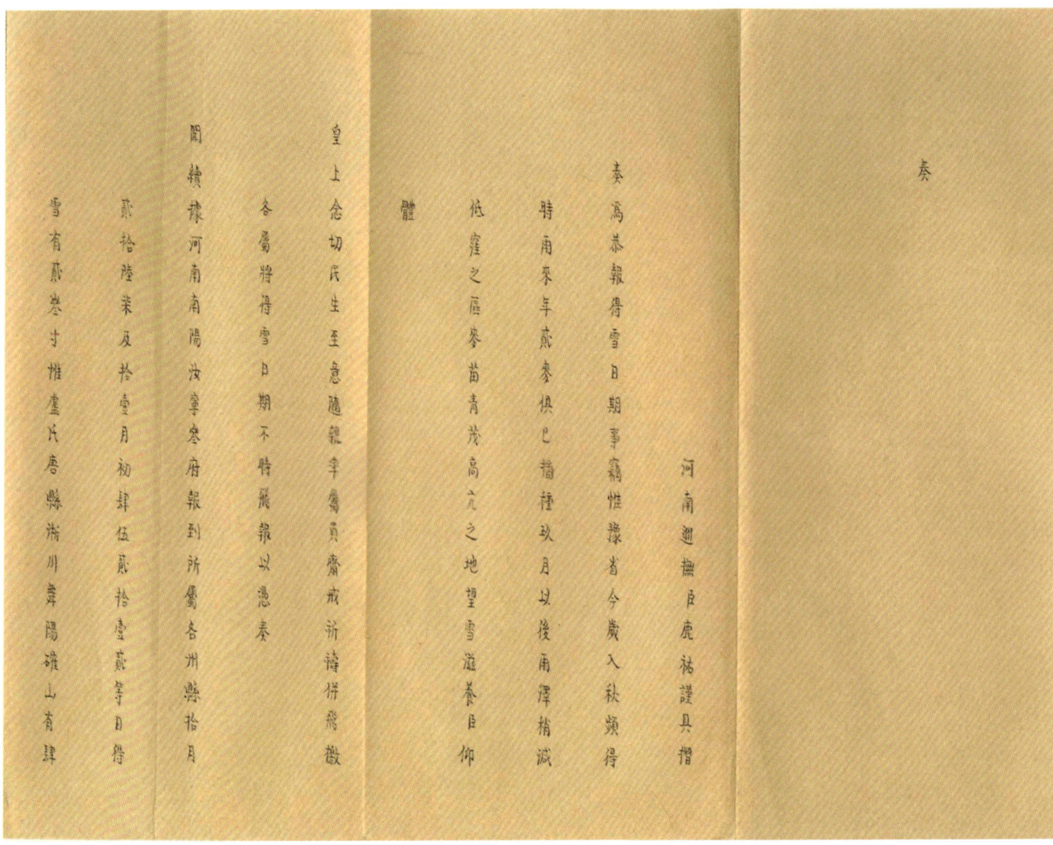

奏

河南巡撫臣鹿祐謹具摺
奏為恭報得雪日期事竊惟豫省今歲入秋頻得
時雨來年蔵麥俱已播種玖月以後雨澤稍減
低窪之區麥苗青茂高亢之地望雪滋養臣仰
體
皇上念切民生至意隨親率屬員齋戒祈禱併飛檄
各屬將得雪日期不時飛報以憑奏
聞續據河南南陽汝寧叁府報到所屬各州縣拾月
貳拾陸柒及拾壹月初肆伍貳拾壹貳等日得
雪有貳叁寸惟盧氏唐縣淅川舞陽確山有肆

伍寸及柒寸不等其開封府報到所屬太康陳
州西華許州襄城長葛禹州等州縣併歸德府
報到所屬商丘永城鹿邑虞城柘城等縣得雪
有貳叁寸惟開屬項城沈丘二縣有肆寸及陸
寸者彰德府報到所屬安陽臨漳林縣磁州武
安涉縣等州縣得雪均有貳寸懷慶府報到所
屬濟源孟縣溫縣汝州報到所屬魯山寶豐縣得
雪亦有壹貳寸不等其餘各州縣雖有未經報
到及尚未得雪者若俟得雪報齊方
奏有稽時日誠恐上厪
宸衷合先
奏報現在開屬稻米每倉斗價銀壹錢叁分粟米
每倉斗價銀柒分小麥每倉斗價銀陸分高粱
每倉斗價銀叁分伍釐黑豆每倉斗價銀叁分
叁釐各府時價大概相同小民家家户户感沐

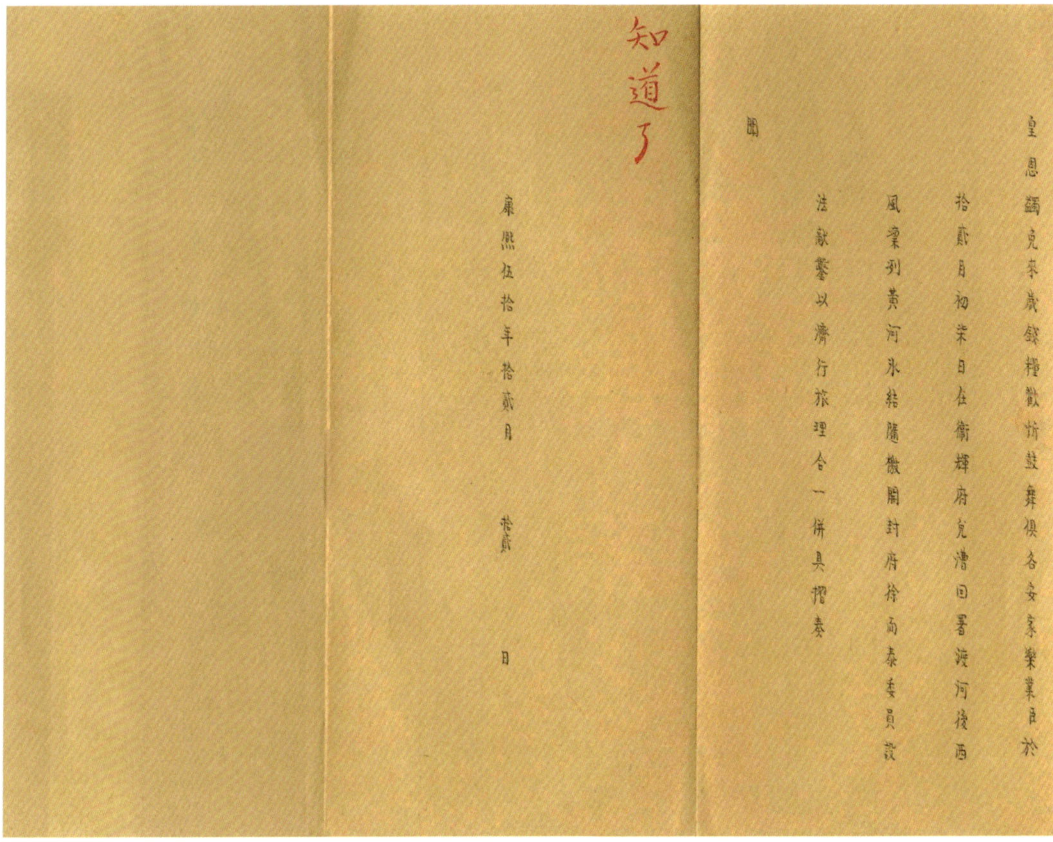
皇恩謳兑來歲豐穰歡忻鼓舞俱各安家樂業臣於
拾貳月初柒日在衛輝府兑漕回署渡河後西
風凜冽黄河冰結隨檄開封府徐而泰委員設
法敲鑿以濟行旅理合一併具摺奏
聞

知道了

康熙伍拾年拾貳月　　拾貳　　日

三

奏

河南巡撫奴才石文焯跪

奏爲

奏明事雍正元年四月初三日申刻前署巡撫事

臣嵇曾筠捧交

皇上硃批河務奏摺一件奴才隨恭設香案望

闕叩頭祗領訖奴才查前河臣陳鵬年以黃河南北

兩岸自滎澤縣以下一帶堤工卑矮单薄殘缺

不堪設黃水暴漲恐有冲決漫溢之虞已經

題明查估修築復經河臣齊蘇勒查勘兩岸堤工

甚屬緊要飭催管河道張朸估計今奴才到任

催攛該道估幫外戧共需銀五萬餘兩統俟河

臣確核會

題外伏查黄河情形因連年上流散漫以致下流
河身日漸淤高今秦家廠工程已竣黄水全歸
正河尚未刷深而滎澤縣以下一帶堤工俱單
薄殘缺一遇水長恐致漫溢亟應速行加幫高
厚修築堅固庶保無虞但伏汛轉瞬即屆刻不
可緩奴才一面先于司庫動銀二萬兩發交管
河道張杓督同印河各官上緊修築一律高厚
堅固以防伏汛俟工竣之日將做過工程丈尺
用過錢糧細數核實造冊會
題請銷其接壩子堤已經河臣具
題在案理合一併奏明謹將奉到
硃批奏摺呈繳伏乞
睿鑒謹奏

雍正元年肆月　　初陸　　日具

四

奏

河南巡撫奴才石文焯跪

奏爲奏

聞事竊照豫省雨水霑足情形已於六月初六日具

摺

奏報在案 奴才因時入伏汛嚴飭印河各官加謹防守并諭營弁時加巡查茲于六月初八日酉刻據把總張朝弼禀報本日河水驟長黄河南岸中牟縣地方十里店西沖開大堤水向南去飛報前來 奴才查中牟十里店地方在省城西八十里即刻委令開歸道陳時夏督同開封府王熹星夜前往沖開口子地方查勘上緊相機堵塞并于司庫動發銀叁千兩辦料去後初十

日辰刻擡開歸道陳時夏馳回面禀查勘得中
牟十里店西沖開口于二處相隔四五里一在
上流者刷寬有十一二丈一在下流者刷寬有
十六七丈 奴才伏查黄河水勢因北岸秦家厰
決口奪河河身日漸淤高自今春秦家厰等處
工程完竣之後水始復歸正河尚未刷深所有
滎澤縣以下一帶南北兩岸堤工卑矮单薄殘
缺不堪經前河臣陳鵬年
題明應加幇高厚修築堅固在案悉在
聖明洞鑒之中是以 奴才履任之時先于司庫動銀
貳萬兩興工修築當經具摺
奏明玆于五月二十七二十八六月初二初三等
日大雨連綿沁黄并漲因河身淤高尚未刷深
水勢陡長一時不能疏洩遂致沖缺 奴才再查
到底失於防護
南岸曾于康熙元年六月河決祥符步李寨中
牟黄練口等處水由尉氏扶溝等縣地方流向
南去今沖開處所 奴才差人馳往查勘下流經
速速設法加意堵塞須用人得
由何處地方一面督令相機堵塞一面將卑薄

當方免浪費於無益之舉
堤工刻期趲築奴才聞報之頃即欲親往因值
恩科大典正在考試馬步箭傢武闈事竣即星馳前
往料理外理合奏
聞伏乞
聖鑒謹
奏

知道了所有應用之項一面只管動用一面奏聞報
部令嵇曾筠帶領數員官隨後即來幫你
共齋[?]勤料理河務共察賑被水災居民特
諭

雍正元年陸月　　初拾　　日具

五

奏

河南巡撫奴才石文焯跪

奏爲謹陳河工情形仰祈

聖鑒事竊照豫省黄河自秦家厰決口奪流河身淤高水面與堤内地勢相等之處居多漫溢堪虞兩岸均關城社民生而北岸尤關運道最爲緊要一入伏汛在在危險今北岸馬營口釘舡幇詹家店沁河頭等處工程自六月初一日至初九日水勢長發沁黄並漲以致堤壩多有塌卸勢陷當即動料募夫晝夜鑲填搶護仰賴

皇上洪福平穩無虞又北岸祥符封丘二邑所屬桃園口任村黄家庄等處有支流三道引溜北趋堤根勢甚危險已經動支河庫銀兩責令北河

同知潘尚仁督同印河各官于迎溜處下埽保
護挑溜開行又于大堤後圈築月堤以爲重門
保障再南岸蔣家寨馬家店王家樓等處水逼
大堤工甚危險隨飭南河同知劉永錫及祥符
縣印汛等官備料募夫搶護又加鑲高厚壓土
堅實以資捍禦以上各處險工俱已動料搶修
防護無虞惟南岸中牟縣之十里店婁家庄二
處沖開大堤 奴才隨委員查勘一面辦料堵築
已于六月初十日具摺
奏報在案復查漫溢之水由十里店西南歸賈魯
河流至朱仙鎮河内入洪澤湖是水已有容納
然經由河身深廣之處不過滿漕惟朱仙鎮人
烟輳集河身淺窄遂致出漕泛溢鎮上房屋間
有被水淹浸而田禾無甚大傷蓋高糧已經長
成不致受害惟晚種禾豆不免淹浸少有傷損
已飭行該府縣確查被水灾民并朱仙鎮民居
倒卸之處加意撫恤毋致失所 奴才武闔事竣

雖刷深二丈餘兩兩頭俱已搶護保定婁家莊
兩頭亦已護定祇因伏汛之內水勢時長時消
奴才到工之日水已落四尺餘及二十二三等
日又漸長至三尺有餘二十四五日漸次消落
現在督令各員多辦料物速運貯工加謹防護
倘水勢漸次消落便可相機堵閉此現在沖開
兩處之情形也六月二十四日接准河臣齊蘇
勒咨開據發往河工員外郎祖秉圭等齎捧到
嵇曾筠奏摺奉
旨這是嵇曾筠條奏黃河堤工摺子他曾與范絟商
議過石文焯此時不知行了沒有將摺子帶去交
與總河若行了就罷若沒有行教總河齊蘇勒酌
量該怎麼樣就怎麼樣行等因欽遵移咨前來奴才
查郎中范絟與前署撫臣嵇曾筠會商武陟工
程善後事宜 奴才到任後即據管河道張杓詳
請撥發錢糧時 奴才正在文闈秦家廠等處工
程尚未親勘且素不諳練河務應否修築難以
懸揣當經咨商河臣如果亟應修築一面飭令

估計造册會核具
題一面發帑辦料委員修築去後嗣准咨覆以月
堤内不必下攔水埽填土幫戧止應將大月堤
靠堤小尾堤加幫高厚二舖營迤西應築格堤
一體確估興築統于年終報銷 奴才隨轉飭河
道發銀辦料確估興築在案是嵇曾筠摺奏善
後工程除月堤内下埽填土河臣咨覆停止外
其餘幫築各堤工現在上緊儹築所有各工動
用銀兩統俟工完之日將做過工程丈尺實用
工料確數會同河臣齊蘇勒嚴加核減造册
題銷外合將搶護修築各情形具摺
奏明伏祈
聖鑒謹
奏

件件妥當之極甚好知道了
你的大兒子石禮哈好一個鮮明出得的人
看容色將來必定比你還強你要圖報
實心効力庶當有如此兒子

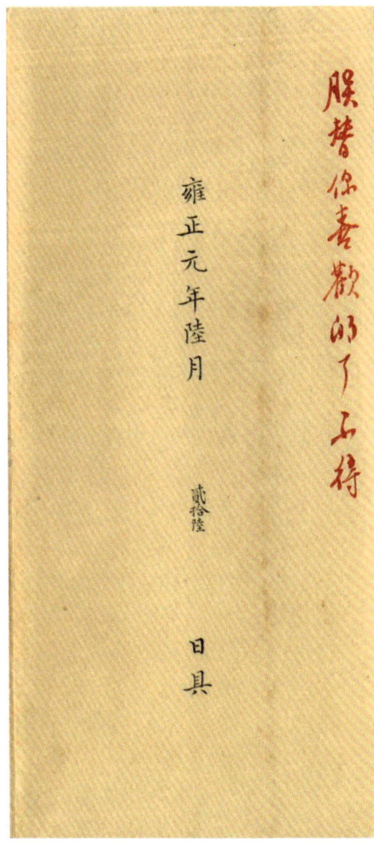

朕替你喜歡的了不得

雍正元年陸月 貳拾陸 日具

六

奏

兵部左侍郎臣嵇曽筠謹
奏為欽奉
上諭事竊臣於拾壹月貳拾伍日查堤至陽武
縣地方跪接
皇上御批臣奏摺臣隨恭設香案望
闕叩頭伏讀
諭旨交你所辦之事緊要不必来在此候
旨欽此竊念臣樗櫟微材仰荷
聖恩高厚感激圖報即捐糜頂踵實所甘心兹
蒙
諭旨諄切事屬緊要敢不益勵愚誠恪勤辦理
臣惟有夙夜兢惕勉竭駑駘仰報

天恩於萬一再臣遵
旨查勘兩岸堤工已將沿河州縣該管段落丈
尺並險要處所逐一查明現在會同河撫
兩臣估計詳議另疏奏報外所有奉到
硃批諭旨謹繕摺奏
聞伏祈
睿鑒謹
奏
知道了
雍正元年拾貳月　拾伍　日

七

奏

兵部左侍郎臣嵇曾筠謹

奏為奏

聞事竊查黃河兩岸加帮堤工需用浩繁不便
多費庫銀當為設法興修臣訪聞得豫省
捐納積穀事例内有羡餘約計叁拾餘萬
兩可為帮築堤工之費因目下初捐尚未
收足而兩岸須及早修理不能久待合無
先將地丁錢糧動用給發俟捐欵收足之
時即將羡餘補項以河南之物力充河南
之公用庶庫銀不致多費於河工亦大有
裨益矣謹據臣訪查愚見所及繕摺奏

聞伏祈

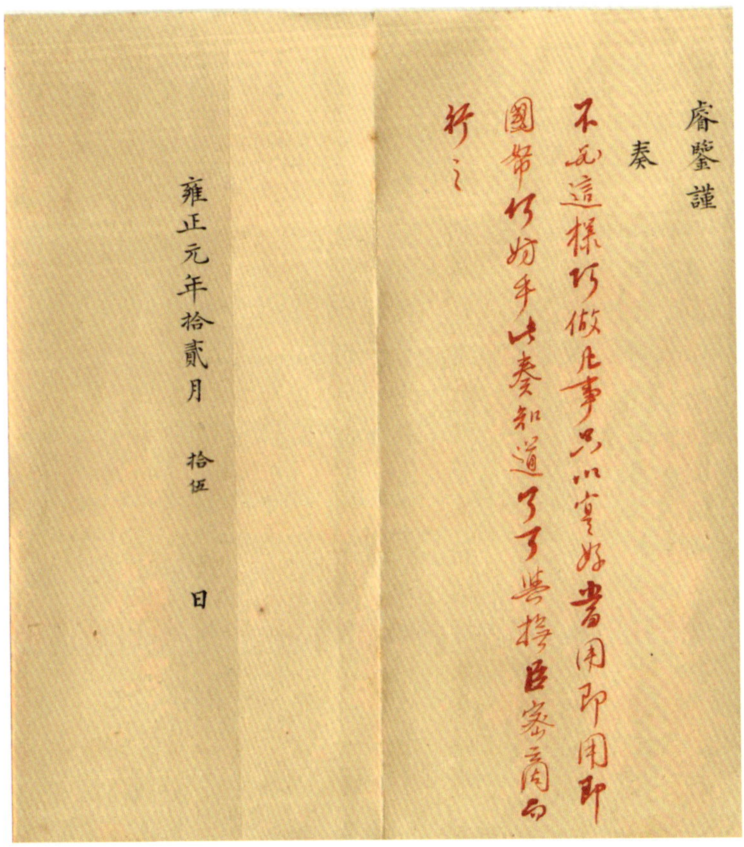
睿鑒謹
奏
不必這樣巧做凡事只以實好當用即用即
圖節巧妙手此奏知道了可嘉擇臣密商而
行之

雍正元年拾貳月　拾伍　日

八

奏

河南巡撫臣石文焯謹

奏爲奏

聞事竊照河南全省地方仰託

聖主洪福雨水調匀麥已收穫約有拾分玖分捌分不等農夫野老咸稱數年來未有如此豐收歡聲徧野共祝

聖壽萬年其收成分數俟各屬報齊分晰另

奏再照河北地方因去年遺下蝗種陸續生發已委南汝道佟鎮督同該府縣營汛等官上緊撲打已滅拾之捌玖間有續發之處現在搜撲務期盡絶無遺勿使爲害仍一面齋心祈禱仰籲

此事十分下力撲捕方好人力所能之事一點怠忽不得

天庥又黄河兩岸工程臣加意嚴飭防護俱獲平穩一

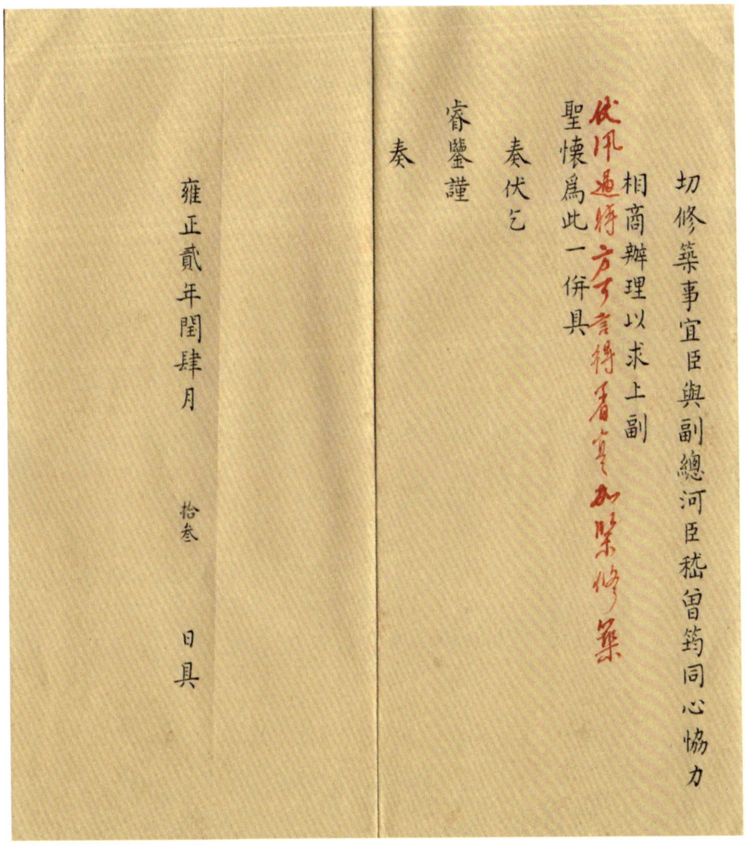

切修築事宜臣與副總河臣嵇曾筠同心協力
相商辦理以求上副
伏汛過時方可言得着實加緊修築
聖懷爲此一併具
奏伏乞
睿鑒謹
奏

雍正貳年閏肆月　拾叁　日具

九

奏

副總河兵部左侍郎臣嵇曾筠謹

奏為欽奉

上諭事雍正貳年陸月拾壹日臣於武陟工所

跪接

皇上硃批臣奏摺欽奉

諭旨凡事盡人事以聽天盡人事之道惟以忠

誠二字感格

上蒼神明之賜佑西海一事豈人力之所能者皆

因年羹堯能此二字也天下大臣皆當法其

心行也況河務一事更以誠敬二字以祈

神助方能建功也天下事理非誠一字另無他伎

倆也勉之欽此臣伏讀之下仰見我

皇上以至誠一貫臨御萬幾是用昇合
蒼穹懷柔河嶽百靈効順薄海歸心茲蒙
聖慈以忠誠二字諭勉諄切臣凜遵
訓示感激服膺督臣年羹堯惟能有忠誠之心
斯克奏西海之績臣愚鈍庸才未經歷練
每念臣父殉節臣毋守節俱荷
國恩旌表臣幸遭逢
聖主拔置卿貳受
恩優渥復膺豫省河工重任若不矢竭忠誠勉
効駑駘俯仰高厚何以自容惟有益加小
心勤慎辦事以仰副
聖主勉勵微臣之至意竊查伏汛已來沁水於
伍月貳拾柒捌日長發幸賴
皇上指示建築格堤加鑲護埽水勢漫至堤根
得資堵禦仍由大河東注陸月初貳叁日
黃水盛長俱從南岸引河順下不致逼趨
北岸釘船幫
御壩秦家厰一帶工程安穩詹家店馬營等村

從前被水之處今已遍種禾苗人民樂業
咸頌我
皇上福德威隆至誠感召所致兹陸月拾玖日
秋汛方届武陟各工最關重大臣祗遵
聖諭加謹修防不敢稍懈再查自滎澤以下水
趨南岸鄭州中牟一帶俱屬緊要自中牟
以下水又折趨北岸陽武地方尤屬要工
俱經料理下埽搶築臣往来查視督率道
廳印汛各官並多派効力人員住宿堤頭
竭力儹修務期保固其江南撥到楷埽手
河兵壹千名現在會同河臣齊穌勒分發
兩岸晝夜巡防標兵壹百名亦着分撥要
地馳送水報皆蒙
皇上恩賞兵弁俾微臣得資驅使臣惟敬體
聖訓忠誠二字勵已率屬以圖勉盡職守所有
伏汛水勢平穩情形除會疏
題報外謹具摺奏
聞伏祈

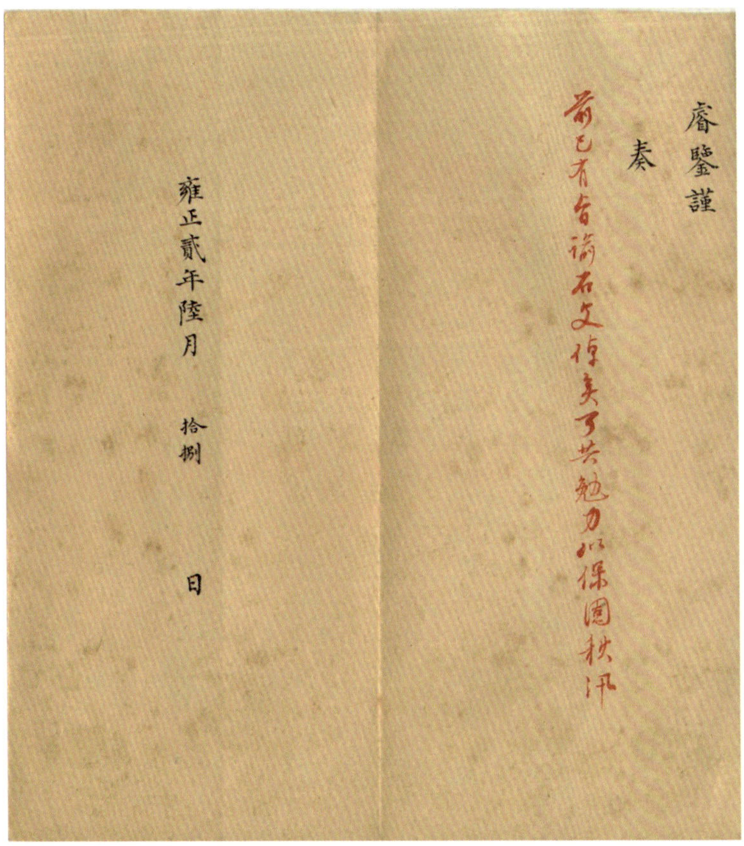

睿鑒謹

奏

前已有旨諭石文倬矣可共勉力以保固秋汛

雍正貳年陸月　　拾捌　　日

奏

副總河兵部左侍郎臣嵇曾筠謹
奏為欽奉
上諭事竊查黃河伏秋兩汛寧夏例有水報每
長一尺豫省約有三倍自伏汛以來據寧
夏同知報稱伍月貳拾叁日水長一尺五
寸又六月初柒日水長一尺七寸臣於武
陟工次約計黃水到時雖長四五尺不等
幸隨長隨消且沁黃諸水次第而下不致
並漲故兩岸堤工皆得修守平穩實由我
皇上洪福所致今秋汛方來臣率同在工人員
晝夜巡查加謹防護不敢稍懈所有近日
河水安瀾情形謹具摺奏

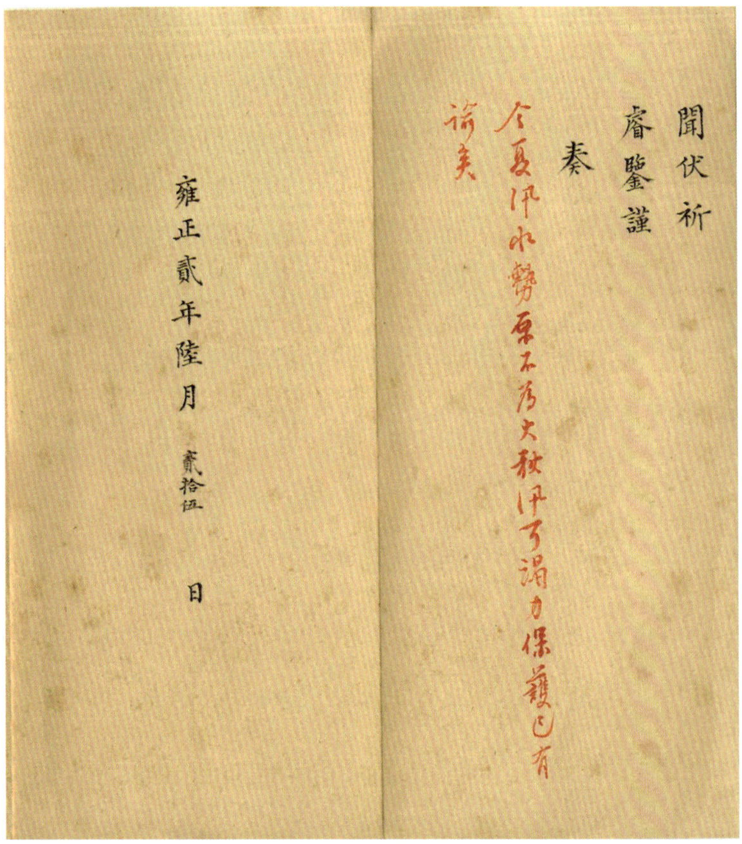

聞伏祈

睿鑒謹

奏

今夏汛水勢原不為大秋汛可謂力保護已有

諭矣

雍正貳年陸月貳拾伍日

十一

奏

雲南布政使兼管驛鹽道事臣李衛謹

奏爲恭繳

硃批奏摺叩謝

天恩無極事竊臣不揣愚昧因蒙

特恩越授藩司復

欽頒御賜感激靡涯又恐報効難副故將迫切微忱並覆

奏尚書盧詢條議冒瀆

聖明悚懼無地乃蒙不加譴責反叨

温諭褒嘉跪讀之下已覺負荷不起又蒙

特賞各種寶丹壹盒令臣得以避瘴癘而驅時疫仰見我

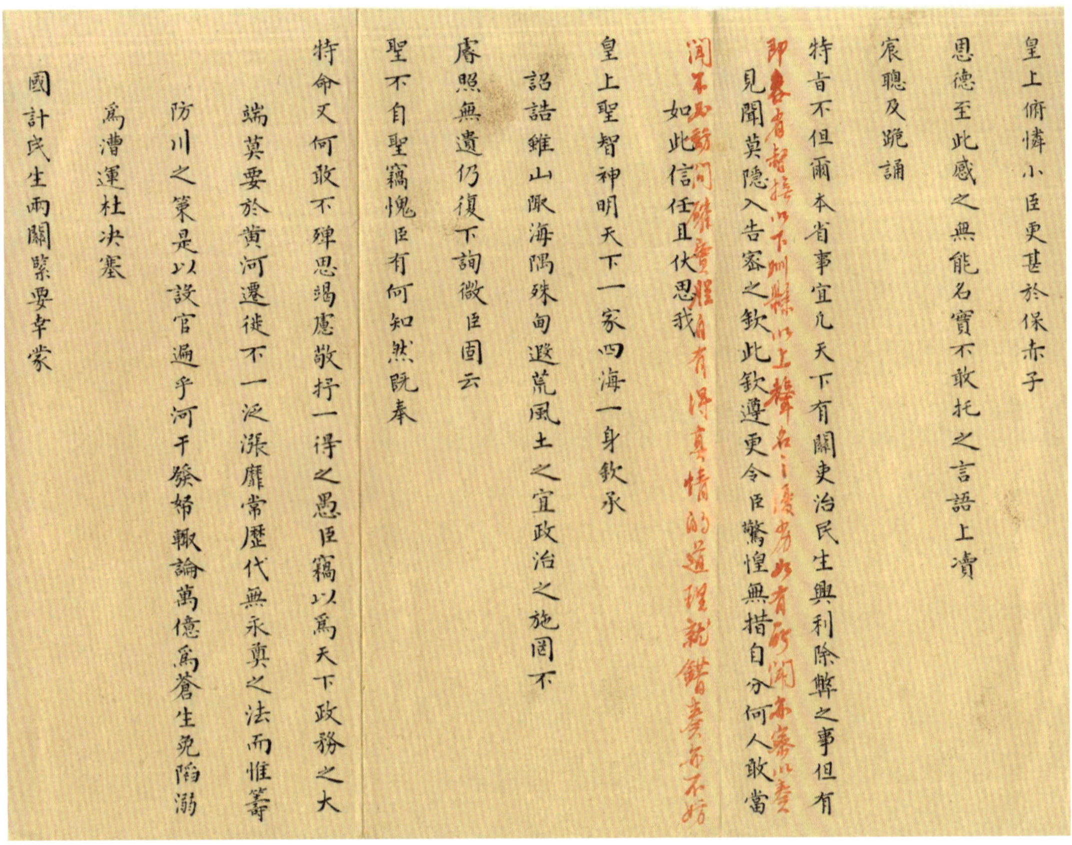

皇上俯憐小臣更甚於保赤子
恩德至此感之無能名實不敢托之言語上瀆
宸聽及跪誦
特旨不但爾本省事宜凡天下有關吏治民生興利除弊之事但有
即奏者督撫以下州縣以上聲名之優劣如有所聞亦密以奏
見聞莫隱入告密之欽此欽遵更令臣驚惶無措自分何人敢當
聞不如親聞雖實惟自有得真情的道理就錯奏亦不妨
如此信任且伏思我
皇上聖智神明天下一家四海一身欽承
詔誥雖山陬海隅殊甸遐荒風土之宜政治之施罔不
睿照無遺仍復下詢微臣固云
聖不自聖竊愧臣有何知然既奉
特命又何敢不殫思竭慮敬抒一得之愚臣竊以爲天下政務之大
端莫要於黄河遷徙不一泛漲靡常歷代無永奠之法而惟籌
防川之策是以設官遍乎河干發帑輒論萬億爲蒼生免陷溺
爲漕運杜決塞
國計民生兩關緊要幸蒙

皇上神明睿鑒宵旰圖維無時不留心
國計軫念民生凡分任河臣指示方略爲安瀾成平計至深切也
臣家居河濱頗知大概但自服官柒載不曾目覩變遷未敢冒
昧詳陳惟以積弊之原委言之蓋天地之有江河猶人身之有
血脉宜流通不宜壅阻而黃河西北之水由高就下悍激湍流
尤非人力所能奪者故以神禹治水止言疏引以入海無非順
其性而利導之如尚書所載久在
宸衷無庸臣之瑣贅然其洪流浩瀚洶猛奔溢急則衝深無底漫則
沙淤噴塞防河之法惟於此處可施作用耳臣聞黃河入海之
口當年原設有船夫不時疏濬使不致沙淤壅積下流之浚洩
宣通則上源之橫決自少此必然之理也後經河臣爲節省裁
革不於此處留心以致沙填海口黃河盡流之處聽其散漫底
日益高而水日益淺所以連年上流決口前次北岸之衝奪運
道猶可急爲補救惟去年決開南岸水無受所直趨洪澤湖仍
由清口會合黃水方入東海但此洪澤一湖乃上自陝西商南

此議大錯究竟無益且恐遲有害海口有攔截海洋賊盜之木樁者不許攔設

以東等處山水並河南伍府以及江北一帶諸流總滙即此一
湖之水每年伏秋貳汛高堰已屬危險再加黃河歸併其中更
當何如况黃水渾沙一見清水必然澄沉而湖底亦被墊高再
遇水發則湖愈淺而受水愈少高堰之保固愈難倘有漫溢則
淮浦高寶以東數千萬生靈皆有可慮想

朕爲此事宵旰憂心未常少怠今歲亮保無虞全在得人耳

保得一歲不決則全勢均保

皇上聖明久在洞鑒而未聞河臣言及於此深爲惶惑臣幼齡時即

上蒼神明每佑將來可望安瀾之

聞從前叁拾餘載黃河不爲大患者實賴原任河臣靳輔之力

原是好的

迄今小民猶食其福且彼時沿河官地盡種柳草爛埽之需不

今已有旨着行

累百姓遺愛未泯其所以不獲令名者但不免妄費錢糧與私
恩用人過當耳嗣後治河諸臣莫能改其成規不過託
皇家之洪福循途守轍仍無大患及漸次崇尚節儉之議遂多用不
知河務之腐儒因而漸至廢弛迨至趙世顯陞授總河則招財

實罪不容誅者

納賄賣官鬻爵並不知
國計民生之謂何而流毒遂不可問矣其所恃者結納

朕所深知者

廷臣年送規例故窮奢極慾毫無忌憚至所用之人大抵非箴片

幫閒則光棍蠹吏以至微極賤寡廉鮮恥之徒而行夤緣鑽刺
之路尚有何事不爲甚至道廳與堂官徃三結爲兄弟微員認
爲假子是以賣官惟論經管錢糧之多寡以定價值之高低且
題補多係賒賬止須先取印領壹紙補後方勻通開銷果能照領
全楚則爲廉幹之員再有美缺復又
題陞如部內准補一州同則已到通判任矣甚至新任未到價值
先完則復
題同知矣既得同知即望陞道此則毋庸講價止須擴遵庫虧
空若干萬而道員可得矣用人如此凡有才能而顧品行者不
惟無門而入抑亦羞惡而退此所以數年之間將深悉河務之
員蹤跡俱絕也當將靳輔所遺沿河兩岸出產柳草之官地盡
令開成熟田納租分肥而險工之動用物料復派里民即其所
做工程不過河員先爲打算開銷而後借稱某處宜築壩某處
挑引河等類然非講明分頭即應做之工亦不准行及講妥分
潤則彼此掩飾（朱批：皆實有之事）或報衝壩或報沙塞累萬帑金化爲烏有而別

員旁觀者復援此爲例聲言曾經出力孝敬挾制以求照顧遂成難閉之門矣又將運河八閘等處有各州縣地畝所出之募夫撈淺夫每年徵比銀錢上下瓜分以致閘河之寬深尺丈不能仍照舊制而蓄水湖之圍壩俱成平地遲運誤漕職是故耳

此事料理的大有可觀矣

其南河一帶每恐衝決處分過重故見水勢既大則暗令河官黑夜掘開揀空處放水而圖借報漫溢絕不顧一方百姓之田墓廬舍盡付漂沒而有冤莫告也是以黃河上流及高寶一帶御民知覺此弊但遇水長皆黑夜防閑河兵恐其扒口放水而私下皆稱河官爲河賊則民情之怨望可知至於每年開銷帑金數拾萬多歸私囊爲打點之資於工程毫無裨益此皆臣家居時每見効力各員以作弊爲能事逢人誇張全無迴避故得諸耳聞目見者如是實非親任河工檢查檔案所知也

此乃天下共知之事一點不虛所以朕屢降嚴旨以革此弊但積習風俗一時難以盡除雖然光景大好許多

然從前科道之不敢糾參或者不無情故彼時止有科臣觀音保曾經條陳數款頗言弊端拾之貳叁未敢直參趙世顯聞之遂托工部都水司缺主劉偉公用銀拾貳萬兩打點草率了事然世顯

亦自知罪深孽重著有秘賬壹本名爲死不瞑目簿其被詐之
錢糧俱登記於內嘗與伊心腹私看者若可設法追出此簿則
歷年花費之庫帑數百萬皆可知其去項矣目今河干諸臣自
不敢仍蹈前轍且必極力改易然恐舊習相沿難以驟除而効
力河員又多爲功名借階求其確知水勢略有經濟之人百無
壹得即總理其事者亦難於甄別無遺況黃河之性與諸水迥
別非永定北河可比似宜急爲整頓但每見九列內外條陳大
小諸務凡有一得無不仰荷
採擇惟有黃河大弊大害從無一人肯於言及雖云治河難以深悉
言者甚有或參賣河臣或友雖不可用者皆寢而未發出所以人不知也
然非怕往河工即慮有阻撓無濟抑以遮飾既久恐接手敗露
病深難除故多瞻顧不前耳伏乞
皇上睿鑒預爲確訪選擇深知黃河水利實有經濟之臣令其秉公
當今河臣言者甚雜難勒其右者
用人激濁揚清以示鼓勵仍令內外大臣各舉所知河員調補
辦理疏通海口濬利下流遍閱河工形勢考究水性因時調度
預防衝決丈量運河寬深仍依舊制追出歷年夫食淘挖八閘

淤淺泥沙速整蓄水湖壩以備春月濟運務使黃淮諸水暢流
無可以免衝決且河臣一席節制山東諸省兼以提督軍務統
攝寬廣待澤㞢乎寰宇若不令其急振頹靡遲則更難調劑矣
又用人之道所關甚大故於臣初次（所奏是多時朕親飭行之事）
奏摺內奉
硃批自古有治人無治法誠可爲訓萬世之章程今蒙
皇上拔擢出于
宸衷擯斥裁於
乾斷寸長不遺匪材必黜臣何敢多喙竊惟保舉一端更宜詳慎也
凡大臣舉薦一官縱不敢欺
皇上其如大臣之不能不受人欺何故舉大吏不徒論其操守更當
考其經猷不徒責乎風厲之不狥尤當求其綱目之無偏且封
疆重任有統兵安壤之權若高言淡漠必致武備不修有察吏
安民之責倘激揚弗張關乎風俗移易即有好官用非其地不
惟不見其長而適以形其短欲其（通極）勝任而愉快也難矣臣不敢

以遠年無稽之事妄瀆第就目下之人爲
皇上陳之即如臣之舊堂官張伯行砥礪廉隅中外知名用以爲户
木偶也　真清
部侍郎兼管倉場錢法誰不曰至當不易但於持籌綜理之處
則未之有是以掌管出入總滙間有不應發之項或多至數萬
者一味判行而可否曾不一問實非狥私見不明也至若貢監
報病故繳照之類則必窮究搜駁之不已察於小而踈於大是
以多被羣奸朦蔽而不知原爲其不要錢可以勝任而孰知庫
帑依舊暗銷矣今蒙
皇上知人善任以禮部尚書陞用方爲人地相宜也吏有原任户部
陳此任再無可當之任矣
尚書趙申喬臣曾趂上同辦事年餘見其於錢穀吏治無一不
這是第一實心任事之人是真好的難得者
諳練精詳大臣中現在已往莫有出其右者但其精神止用於
分釐毫忽之不容錯及重大有關係之處反多有出入未妥然
其在部中之清廉正直盡心竭力實可以爲人臣法則若遡其
非督撫才
任湖南偏撫則有清官之貽害迄今未除者撫臣以經文緯武
爲提衡而置軍旅於不講視武弁爲異類凡遇刁民告官並不

查實立即參拏一年內外屬員之倖免者無幾故彼時俗謠遂謂告官者如父訟子更有一等衿棍面斥州縣則曰一包冷飯兩張白紙即可赦你田家爲有司者戰兢脫禍之不暇尚望其爲地方生色乎革陋規必刻意盡絕不爲有司稍留餘地以辦公理詞訟則先入爲是並無反坐之原告以警衆遂致湖南刁風大熾變成難治之區又被撫臣王之樞貪取無厭復釀出悪民聚衆挾官圍城抗糧且敢勾通野苗焚搶據山動則扯旗習爲故常臣赴任時由辰州府經過因聞知府遲煓曾帶領人役驅逐教場操演之聚衆棍徒竟敢對敵將該府戰敗家人當場殺死至今百姓有事不服拘拏雖有兵弁從不過問名曰安靜方知人地一不相宜雖清官尚至流弊況其節操未優者乎此舉大吏之不可不詳慎也至於保舉有司若不考其實驗而但錄其才能則輕浮躁率那移科歛之弊即出其中且僅採其聲名則粉飾沽譽鑽營欺蔽之端亦寓其內惟操守一節實心爲難此猶昭然於人耳目之事真僞可以立見止在保舉者之公

私耳臣自假道任以至於今每細心閲歷各屬員其庸碌無長
貪劣蘼弛者俱不足論就其頗有聲名素稱才能之員一一考
其實跡有差委奔走之事則長於辦理而撫字催科無一可取
者是其才止堪爲人用而不能自爲用者也有長於吏治而踈是
於出納以致錢糧虧空者是自恃其才而輕量天下事不謹之
所以流弊也兼有利口捷給論事多中而於職守事務全無實
濟者是又才之用於偏而失其正眩於外而歉於中者也又有所論通暢
一等巧於鑽營專工窺探上司之性情嗜好曲意迎合甚而言
動氣像無不體貼效法以求酷肖焉有不投機者一動保舉拾
此而誰豈知騙得保舉到手則從前之官小而不敢少露鋒芒
者後之得志而本色盡現此又才之用於詐僞而爲患尤烈者
也更有風厲之官嚴處過刻而不近人情循良之吏寬中釀事所以朕每諭不可因一保而袒護也
而反滋弊竇凡此數等皆以才名而多於地方有誤倘保舉者
僅以才能二字塞責鮮有不貽害者臣請嗣後凡保舉各官必前旨令尔等保舉密奏者正此意也
令註明所長不必諱其所短驗過成效確有實跡以備

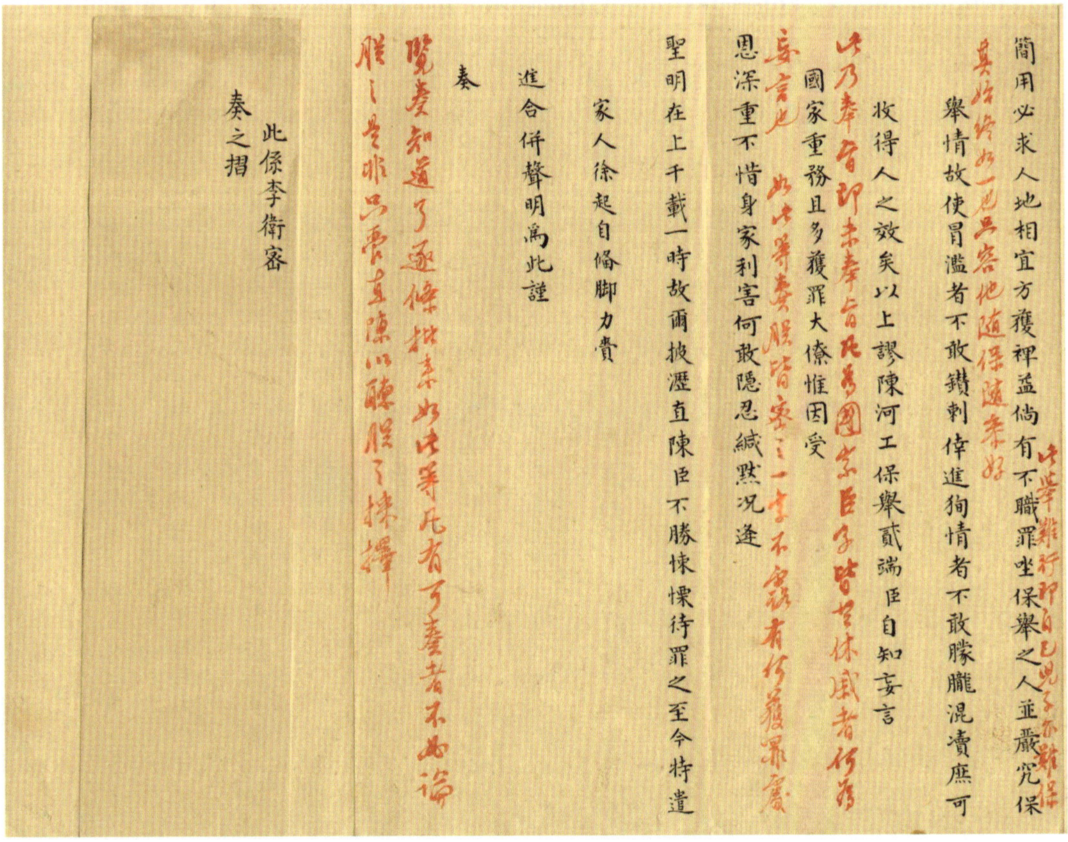
簡用必求人地相宜方獲裨益倘有不職罪坐保舉之人並嚴究保

此等雖行即自己兒子亦難保

舉情故使冒濫者不敢鑽刺倖進徇情者不敢朦朧混瀆庶可

其始終如一也只容他隨保隨參好

收得人之效矣以上謬陳河工保舉貳端臣自知妄言

此乃奉旨即未奉旨凡為國家臣子皆當休戚者何謂

國家重務且多獲罪大僚惟因受

妄言也　此等奏朕皆察之一字不錯有何獲罪處

恩深重不惜身家利害何敢隱忍緘默況逢

聖明在上千載一時故爾披瀝直陳臣不勝悚慄待罪之至今特遣

家人徐起自備脚力賫

進合併聲明為此謹

奏

覽奏知道了逐條批來如此等凡有可奏者不必論

朕之是非只要直陳以聽朕之採擇

此係李衛密

奏之摺

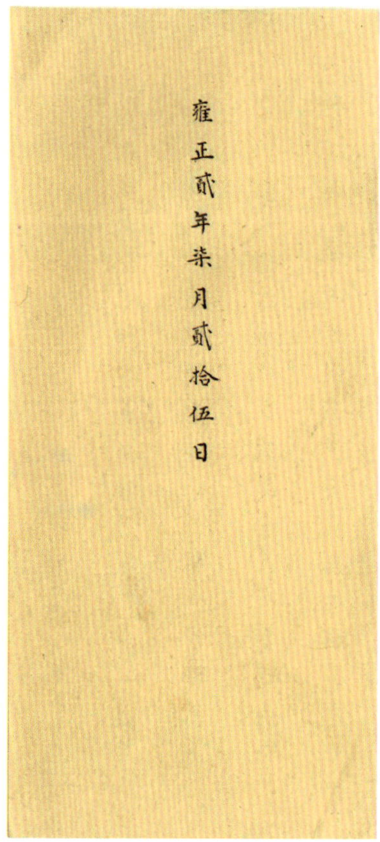
雍正貳年柒月貳拾伍日

十二

奏

總督河道提督軍務臣齊蘇勒謹

奏爲飛報事雍正貳年柒月貳拾肆日據外河同知呂維炳報稱柒月拾玖日卯時海風大作海潮泛漲陡高壹丈有餘黄河入海之口二水相激近海堤岸工程甚是危險卑職協同在工員弁嚴督兵目人夫上緊保護連夜修防至貳拾日巳時水勢漸次消落堤埽未動等情呈報前来臣念黄河入海之口二水相激則安東以下近海工程所關甚鉅隨即星夜親往踏看其先

二水激高之痕相離堤頂止剩尺許幸而
海潮退速黃水遄行安東以下近海工程
俱各平穩海口並無沙淤依然通暢臣在
工次又據鹽城縣知縣于本宏報稱柒月
拾玖日卯刻海中颶風陡作鹹潮驟漲及
貳拾日辰刻潮頭洶湧直撼城脚巳刻以
後水勢始覺稍平除一面行查各里各場
責令城内外地保人等各擇寺廟安插被
淹人民并親赴新興場等處一體安輯撈
救俟各里各場報到之日再行申報外先
應具文通報等情到臣臣隨即飛飭淮揚
道傅澤洪星飛前往督率該地方官遍查
被淹人民加意撫綏務令得所一面分差
在工文武員弁率領兵目人夫於海口附
近魚鹽地方遇有水泥困隔之民竭力渡

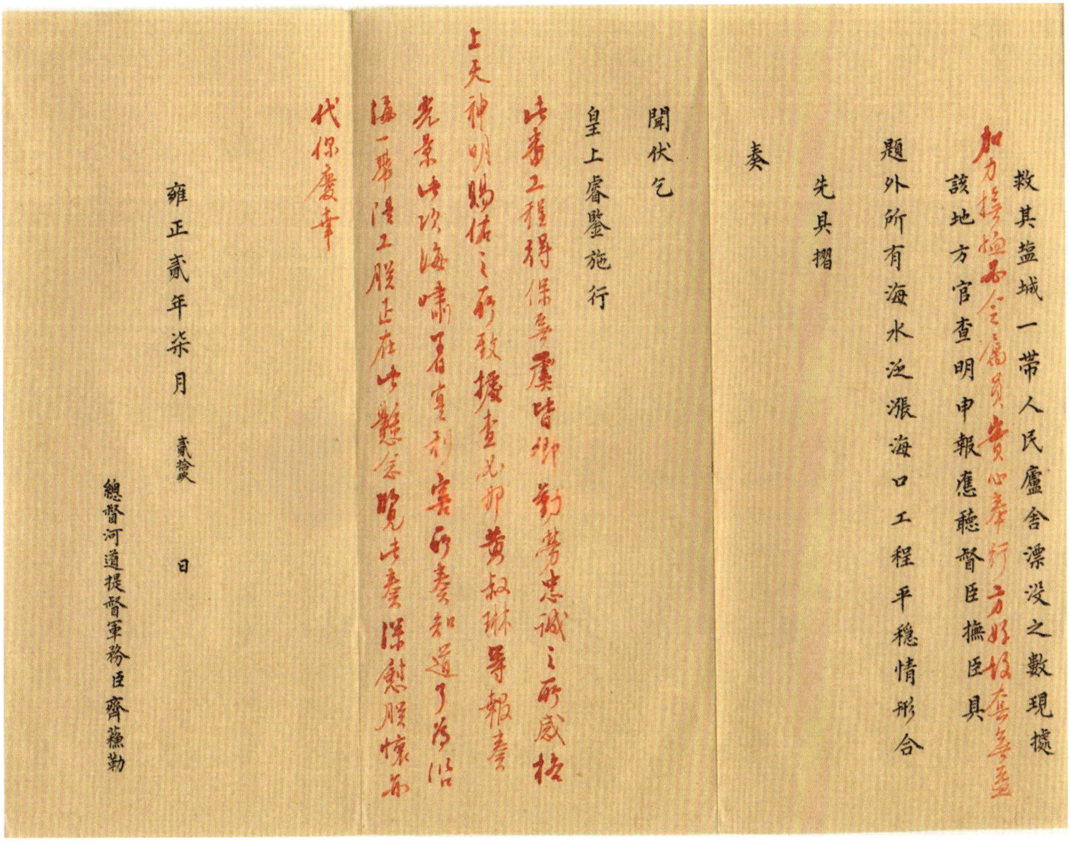
救其鹽城一帶人民廬舍漂沒之數現擬
加力撫恤務令屬員實心奉行方好收拾安全
該地方官查明申報應聽督臣撫臣具
題外所有海水泛漲海口工程平穩情形合
先具摺
奏
聞伏乞
皇上睿鑒施行
此番工程得保無虞皆卿勤勞忠誠之所感格
上天神明賜佑之所致據查弼納黃叔琳等報奏
光景此次海嘯著實利害所奏知道了爲沿
海一帶清工朕正在此懸念覽此奏深慰朕懷亦
代保慶幸
雍正貳年柒月　貳拾叁　日
總督河道提督軍務臣齊蘇勒

十三

奏

總督河道提督軍務臣齊蘇勒謹

奏爲奏

聞事竊臣於今夏前赴豫省安插河兵候過伏

汛由徐州一帶查看江南黄河兩岸堤埽

工程於本月初拾日回署當經

題明在案臣自回署之後料理江南黄運湖

河修防秋汛事宜俱各完畢今海口雖有

風潮之險仰賴

皇上洪福堤埽工程依然平穩臣伏念豫省黄

河連年不馴以致上厪

聖懷屢蒙
上諭諄切備盡周詳發帑修防登民袵席今歲
伏汛平穩河流已有循軌之勢實皆我
皇上無刻不以生民爲念之
至誠上感
天和神靈默祐之所致也但入秋以来陰雨連
綿正當秋汛吃緊之候而河南加幇要工
至今尚未報竣臣心時切惴惴今臣仍由
邳徐一帶前赴河南交界地方以便居中
策應上下兼顧就近催儹加幇堤工以防
秋汛所有微臣仍赴河南交界緣由理合
具摺
奏
聞伏乞
皇上睿鑒施行

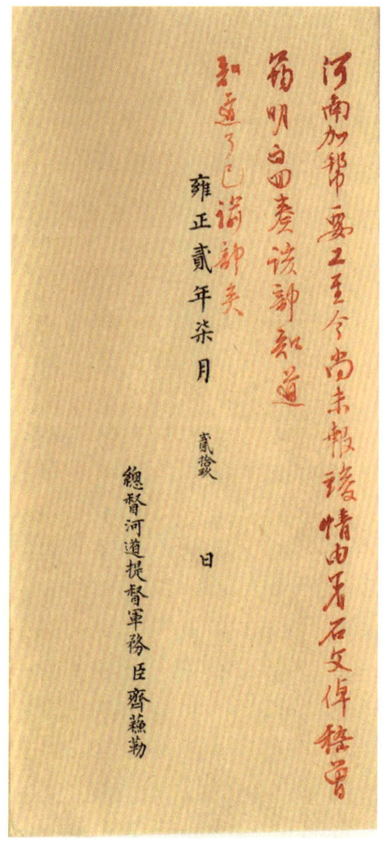
河南加幫要工至今尚未報竣情由着石文焯稽查
簡明回奏該部知道
知道了已諭部矣
雍正貳年柒月　貳拾　日
總督河道提督軍務臣齊蘇勒

十四

奏

兵部左侍郎副總河臣嵇曾筠謹
奏為恭報秋汛水勢情形事竊照豫省黄河
伏汛安流經臣
奏報在案目今現值秋汛自七月十八日起
至八月初二三日止陰雨連綿黄水驟長
數尺武陟一帶堤埽工程因已築格堤開
放引河大溜東行俱各安瀾順軌惟南岸
之鄭州中牟祥符虞城北岸之陽武蘭陽
儀封等處間因民堤卑薄漫灘水急流至
官堤頗覺危險臣星夜督率在工員弁并
効力各官買土運料竭力搶護上賴
聖主洪福得保平穩總因今年秋汛水勢大於

往昔是以出漕異漲漫及堤根堤外居民
濱河灘地茅屋亦有被淹之處其官堤以
内俱各保護無虞目今天氣晴和水勢漸
減四五尺業已歸漕且時近寒露可望安
流臣惟仰體
皇上敬
天勤民之至意益加小心辦理晝夜修防至於應
行培補疏濬事宜容俟霜降水退後親歷
查勘確有成見另摺具奏所有現在秋汛
水勢情形謹先繕摺奏
聞恭慰
聖懷伏祈
睿鑒謹
奏

實慰朕懷

雍正貳年捌月　拾伍　日

十五

奏

兵部左侍郎副總河臣嵇曾筠謹

奏為祥符河勢南趨亟請挑挖引河以順水

性仰祈

睿鑒事竊查祥符縣南岸回回寨對過北岸官路李家地方淤長大灘直出河心以致河勢盡趨南岸雍正貳年伏秋水漲衝射回回寨老君堂等處沿河一帶皆成巨浸村莊茅屋多有被淹堤根拖溜甚屬危險且係單堤並無外護切近省城關係甚重臣乘船往来細看北岸形勢并訪之土著士民知北岸官路李家一帶原係舊日黃河故道歷年淤塞以致灘嘴日長河流南射

臣詳加勘視應由北岸舊回回寨起至官路李家舊河身處挑挖引河一道引溜直走俾成東西之勢不特老君堂等處居民免遭水患耕鑿可安而堤工亦得保固於城社民生均有裨益隨經檄飭管河道廳印汛各官公同丈量計長叁百肆拾丈估計土方工價共需實銀叁千貳百兩有零應請於司庫内動用

題銷臣一面會同河撫二臣恭疏具

題請

旨外謹繪圖貼説進呈

御覽伏祈

皇上睿鑒施行謹

奏

覽此奏並圖甚合理但挑引河之處不知地身高下與老君堂回回寨何如今齊蘇來豫可與他商酌或應用挑水壩或應挑引河處詳定奏行

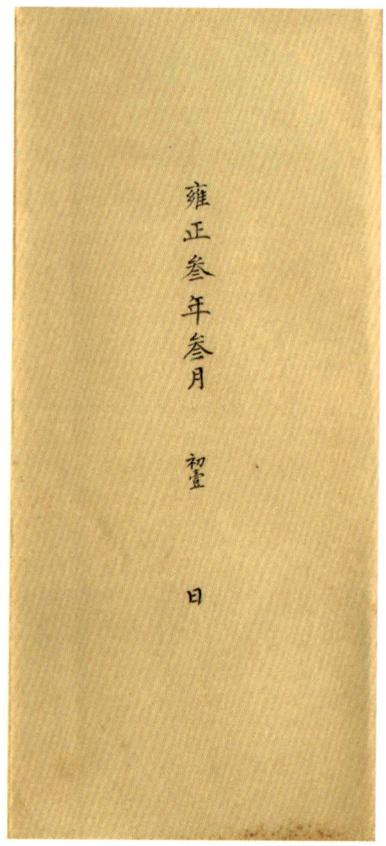
雍正叁年叁月　初壹　日

十六

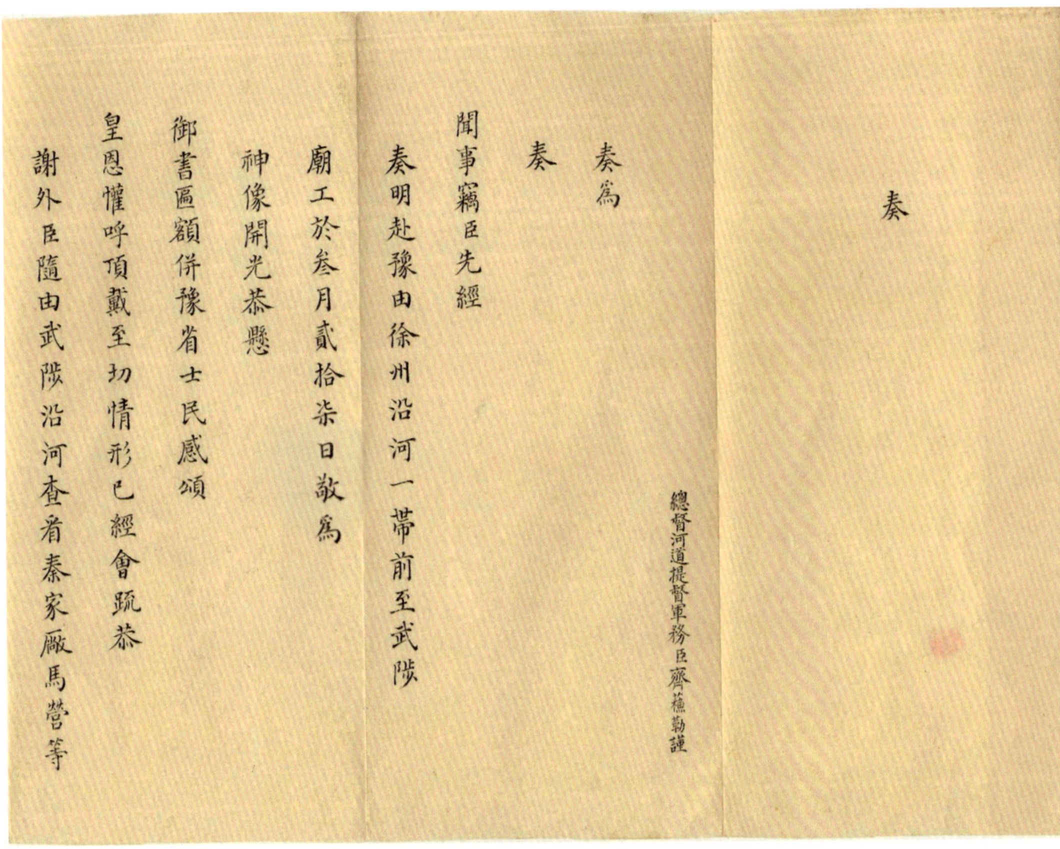
奏

總督河道提督軍務臣齊蘇勒謹

奏爲

奏

聞事竊臣先經

奏明赴豫由徐州沿河一帶前至武陟

廟工於叁月貳拾柒日敬爲

神像開光恭懸

御書匾額併豫省士民感頌

皇恩懽呼頂戴至切情形已經會疏恭

謝外臣隨由武陟沿河查看秦家廠馬營等

處堵過決口工程現在俱各淤成平陸甚
屬平穩細看目今河勢較比往年日漸刷
深兩岸河崖露出水面肆伍尺不等而中
泓趨向已覺順軌此皆我
皇上無刻不以民生爲念
至誠感格河神效靈之所致也再兩岸各工應
朕惟以手加額念阿彌陀佛耳
備物料臣念發銀遲滯恐或貽悞當經嚴
催承辦各官令其上緊分頭採買晝夜兼
程拉運今查運到工所者已有拾分之柒
綽足伏汛之用其餘現在儹運不日即可
全完其兩岸預防伏秋汛水事宜臣會同
副總河臣嵇曾筠沿工商酌備將捍禦做
法面示印河各官逐一指交完畢臣今於
肆月初拾日回赴江南料理黃運湖河一
帶工程所有微臣回南日期理合一併

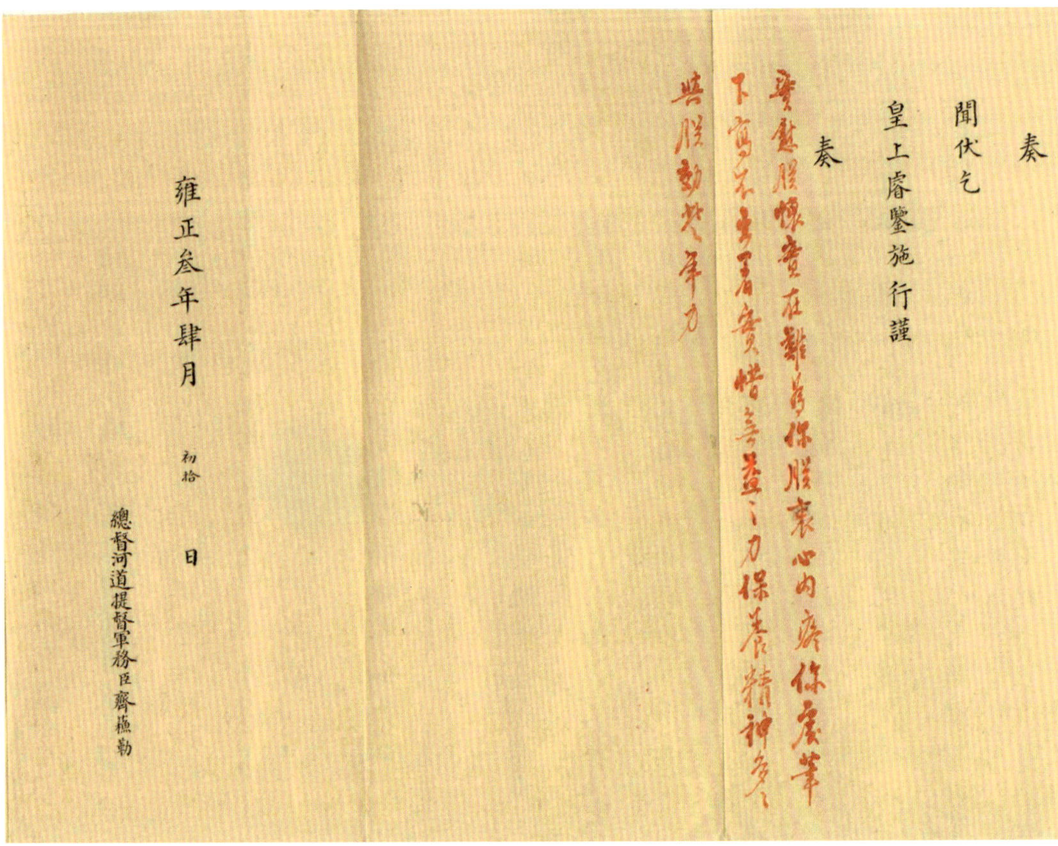

奏
聞伏乞
皇上睿鑒施行謹
奏
覽奏朕懷實在難為你朕衷心内疼你處筆
下寫不出了着實惜命盡心力保養精神多多
與朕効些年力

雍正叁年肆月　初拾　日

總督河道提督軍務臣齊蘇勒

十七

奏

署理山西巡撫事務刑部左侍郎臣伊都立謹
奏爲奏
聞事臣看得山西省城於陸月初伍日自午時起至
酉時止大雨如注四野十分霑足且喜陰雲密
佈得雨甚寬臣隨飛查各屬去後茲據太平潞
汾大伍府澤遼沁等拾貳州俱報初貳至初伍
初陸等日得有透雨此皆我
皇上念切民依至誠格
天所致臣往近城一帶查看秋苗長發甚是茂密四郊
農民無不歡呼感頌
皇恩及詢之老農俱云此番得雨透足今歲可無憂
雨澤矣臣無任歡忭之至謹具摺奏

應歡忭者

聞再查晋省以南平陽蒲解等處天氣稍煖自太原
府以北州縣地氣寒冷所有二麥收穫較他處
獨遲今現在已報收穫者平陽汾州蒲州解州
絳州各屬收成自肆伍分起至捌玖分止不等
其餘尚未收割俟通省報齊臣即分别各府州
細數彙摺具
奏恐上廑
聖懷合先
奏明謹
奏

大慰朕懷聞得邊外竟至熟荒去年朕諭內
地百姓有情願備船從黄河販運者聽其販賣與
內外甚獲利益今歲聞未有如法行者何不諭地方
勸導百姓行之但不可强民爲也若如此邊內米
價亦不更下乎你酌量行之

雍正叁年陸月　拾壹　日署理巡撫事務刑部左侍郎臣伊都立

十八

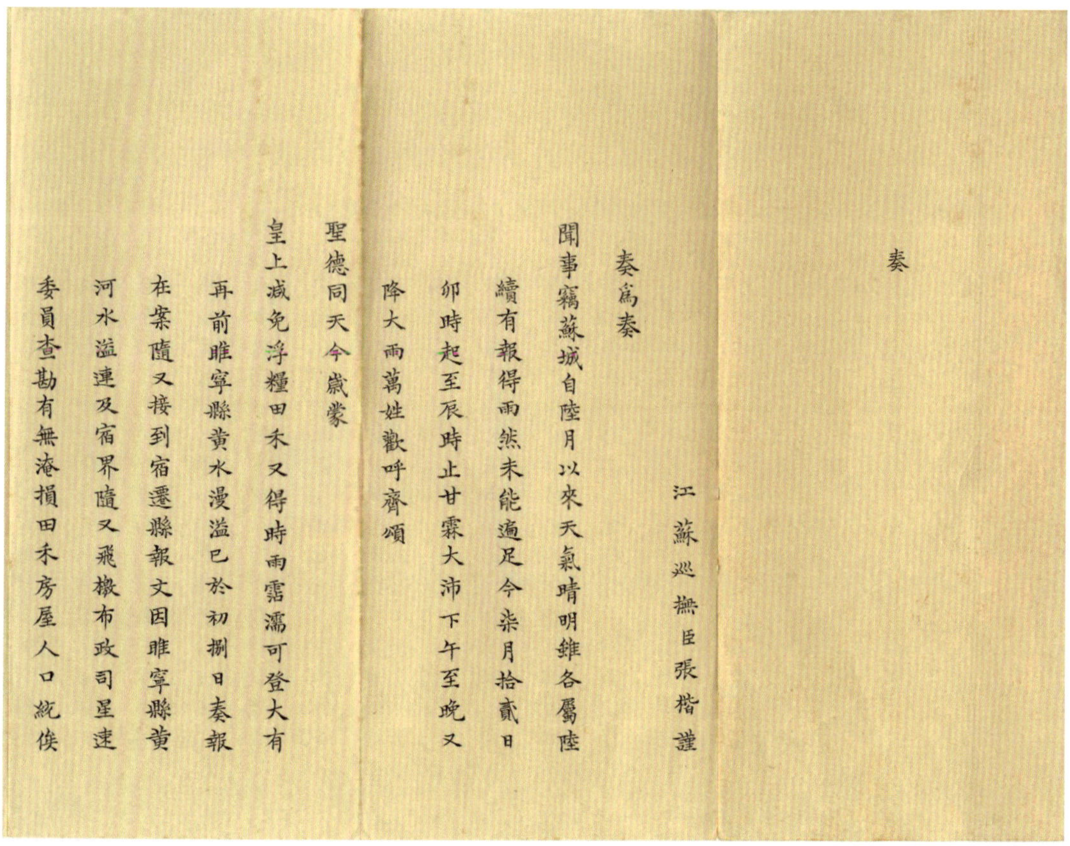

奏

江蘇巡撫臣張楷謹

奏爲奏

聞事竊蘇城自陸月以來天氣晴明雖各屬陸

續有報得雨然未能適足今柒月拾貳日

卯時起至辰時止甘霖大沛下午至晚又

降大雨萬姓歡呼齊頌

聖德同天今歲蒙

皇上減免浮糧田禾又得時雨霑濡可登大有

再前睢寧縣黄水漫溢已於初捌日奏報

在案隨又接到宿遷縣報文因睢寧縣黄

河水溢連及宿界隨又飛檄布政司星速

委員查勘有無淹損田禾房屋人口統俟

覆到另容具奏外又松江華亭上海等處

據報柒月初壹貳叁日連日東北風驟起

致海潮漫至堤下新堤微有衝坍數尺之

處隨因初肆日轉發西風潮即退涸田廬

並未損傷訪之耆老云捌月間恐秋潮長

發過此則可無虞臣隨飛飭該地方文武

官弁加謹防護其堤工衝坍之處隨時修

補臣仰遵

諭旨飭修海塘現在調集委員一俟布政司鄂

爾泰往江寧會審常熟馬令虧空回蘇即

發帑辦料嚴飭上緊尅期竣工以副

聖懷所有地方得雨情形及黄水漫溢海潮退

發情由合行一併繕摺恭遣家人陳善賫

陳

天聽伏乞

皇上睿鑒施行

右謹奏

聞

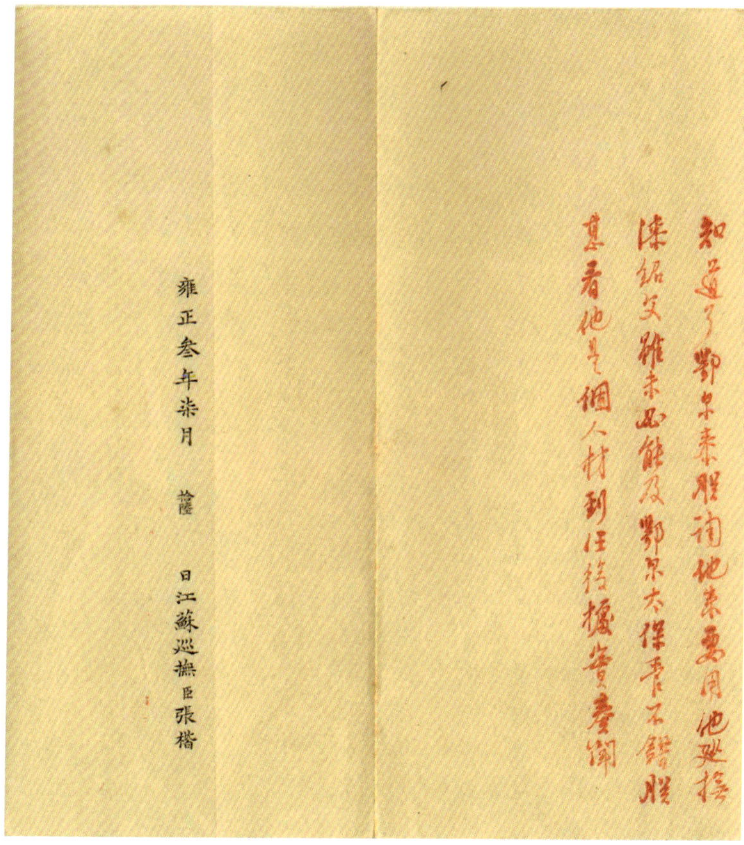

知道了。鄂爾泰朕調他來要用他，延接渠紹文雖未必能及鄂爾泰，保舉不錯。朕真看他是個人材，到任後據實奏聞。

雍正叁年柒月　　日江蘇巡撫臣張楷

十九

奏

兵部左侍郎副總河臣嵇曾筠謹
奏為報明黄水漫塌情形事竊照本年伏汛
黄沁水勢甚大伏水未退秋汛踵至加之
陰雨連綿晝夜不息兩岸堤工在在危險
臣於本月初捌日聞鄭州薛家寨報險親
至該工督率道廳印汛各官一面加築子
堰一面鑲紮風埽竭力搶護至拾叁日方
保無虞正慮漲水積久未消瀰漫傾注下
流難於容受又聞祥符南岸程家寨堤工
報險當飭管河道佟鎮星馳赴工搶護臣
隨即沿堤一路查勘拾肆日據儀封縣知
縣袁珂報稱本境南岸之大寨民堤一道

拾叁日晚從堤頂過水驟湧大堤又兼狂
風暴雨人力難施将大堤漫坍拾丈現在
搶築同日又據蘭陽縣知縣佟國芬報稱
本境北岸板廠後民堤過水漫坍大堤拾
貳丈現在竭力搶護各等情臣隨即倍道
疾馳由儀封南岸至蘭陽北岸會同撫臣

田文鏡親行查勘得儀封縣大寨地方大
堤之外向有民堤一道時因黄流異漲風
雨交加民堤潰溢直射大堤漫塌拾餘丈
蘭陽縣板廠地方亦係民堤潰溢出漕之
水一從支河旁射而来一從漫灘倒漾而
入将積雨浸透之大堤漫塌拾餘丈此兩

處之情形也仰賴
皇上洪福拾伍拾陸等日天氣晴明黄水漸次
消減外灘已露臣與撫臣相度機宜趂此
洪流漸退督率道廳等官協力分投搶護
先将民堤外口封堵完固隨将大堤漫塌
處所晝夜搶築約計旬餘便可竣事其動

用錢糧照例追賠還項所有勘驗漫塌堤
工並未成患情形理合據實奏
聞伏祈
睿鑒謹
奏
已有旨矣

雍正叁年柒月拾柒日

奏

河南巡撫臣田文鏡謹

奏爲缺口之流水已斷居民之田廬無恙謹

據實詳陳以慰

聖懷事竊臣伏查儀封蘭陽貳縣南北兩岸堤

工均於柒月拾叁日酉刻及貳更時分因

大風驟雨頃刻水長各將堤岸漫開壹拾

餘丈業經臣於本月拾伍日繕摺

奏

聞在案臣隨兼程前赴各漫溢處所親自勘查

間適據副河臣嵇曽筠亦先後趕到臣隨

會同嵇曽筠逐一確查所有儀封縣南岸

漫缺大堤離黄河拾有餘里先因大堤之

外民堤被水漫溢次將大堤漫開實止壹
拾餘丈而堤內積有雨水內外相平其勢
甚緩竝未掣動大溜至黃水與清水合流
離缺口沿堤往東貳拾餘里至儀邑之石
家樓地方而止往南壹拾餘里卽儀邑縣
城城外有護城堤以止水且東南地勢均
高於北繞堤至城南半里而水竭約計水
深止貳叁尺不等竝未損傷人民其民間
房屋土牆內有壹百餘家先因天時久雨
次被黃水散漫雖未坍塌倒壞亦不無稍
被水淩之苦臣現在嚴飭該地方官逐一
查明加意撫恤毋致失所不敢上塵
聖懷至堤外黃水業已歸漕灘皆涸出堤內積
水值今天時晴霽其涸亦自可以立待又
查蘭陽縣北岸大堤離黃河拾里堤外舊
月堤漫缺貳口將來估加幫大堤漫開壹
拾餘丈亦因堤內積有雨水其勢甚緩清
水與黃水順堤往東合流約長貳拾餘里

至蘭邑所屬之傳家寨而水竭散漫往北約寬捌里至洮濵河而水止初時水深貳叁尺不等現今地土盡皆涸出並未掣動大溜口門業已淤塞至水過之處村庄少而地畝多並未傷及人民其草屋土墻先因久雨積水次被黄水淹浸幸未倒塌而地内高糧黍子尚有收穫其餘未經被水秋禾俱係十分收成雖内有畧被黄水之壹百餘户臣已嚴飭該地方官加意撫恤毋致失所且喜黄河水勢於本月拾肆日起至拾玖日止隨即盡消共落水柒捌尺不等已盡歸漕兼之連日天時晴霽水更易消工亦易價此誠仰賴我

皇上洪福齊天百靈效順之所致也再臣伏查蘭儀貳邑修築缺口工程每處約費銀叁千餘兩臣與副河臣嵇曾筠面商趁此水勢消落汛水未長之時先借動河庫銀兩分發廳印河員協力上緊補築一律完固

務保無虞約計旬日之内俱可告竣統俟
工完之日臣再另摺
奏
聞其用過銀兩據儀封縣知縣袁珂蘭陽縣知
縣佟國芬情願竭力賠補還項斷不敢使
庫帑久懸至於堤岸漫溢防護各官固難
辭疎忽之咎但臣查柒月初肆日起連日
大雨傾盆以致黄沁伊洛等水同時竝長
較之去歲秋汛水尚大貳尺有餘且柒月
拾叁日風大雨驟工程在在危險人力實
係難施儀封縣北岸堤工共有伍處危險
知縣袁珂同管河同知張近光實在北岸
搶護一時不能兼顧致有疎失蘭陽縣缺
口處所原係未估加幫大堤年久不免殘
缺其情皆有可原今此項修補銀兩又已
據各該員情願設凑賠補且缺口之處與
民間田禾所損無幾而水已盡涸工程亦
甚平易副河臣嵇曾筠與臣再三斟酌查

據貳處堤工實與搶險無異似可毋庸具
本入
告且伏思我
皇上聖德如
天諸從
寬典疎防各官可否免其
題叅臣等不敢擅便
洪恩出自
聖裁再臣因勘查已確水勢已退并將一應修
築事宜與副河臣嵇曽筠已商酌妥確令
嵇曽筠現住工所臣復嚴飭管河道勒限
上緊督修并面飭廳印河員作速修整完
固以保秋汛毋庸臣再爲駐劄河干擬於
本月貳拾日回署所有勘查缺口水勢情
形理合繕摺具
奏伏乞
皇上俯寛
聖懷爲此謹

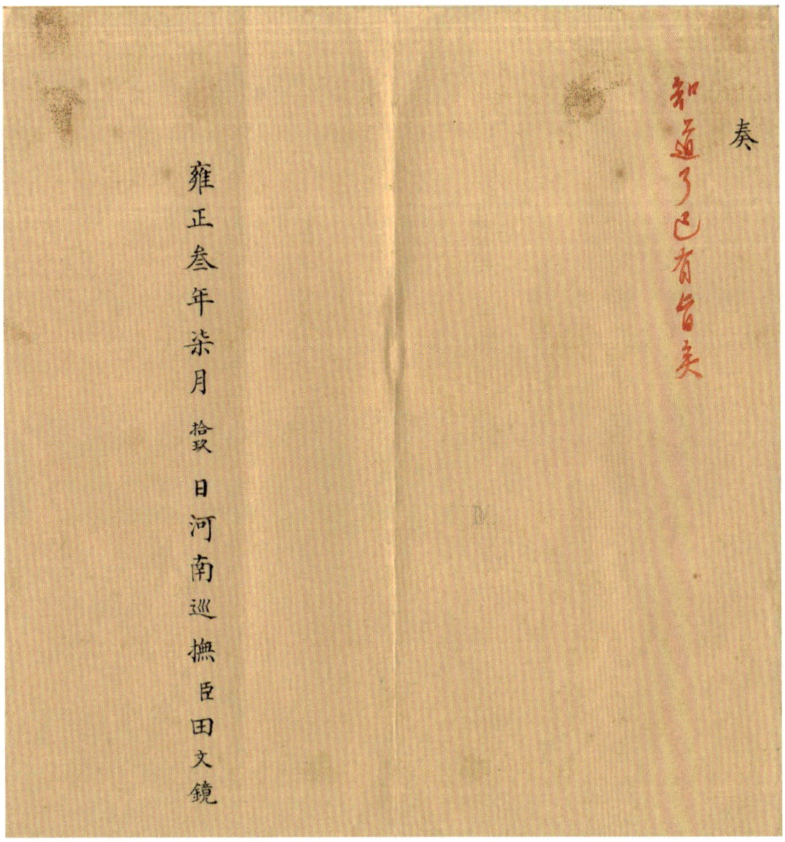

奏

知道了已有旨矣

雍正叁年柒月拾玖日河南巡撫臣田文鏡

二一

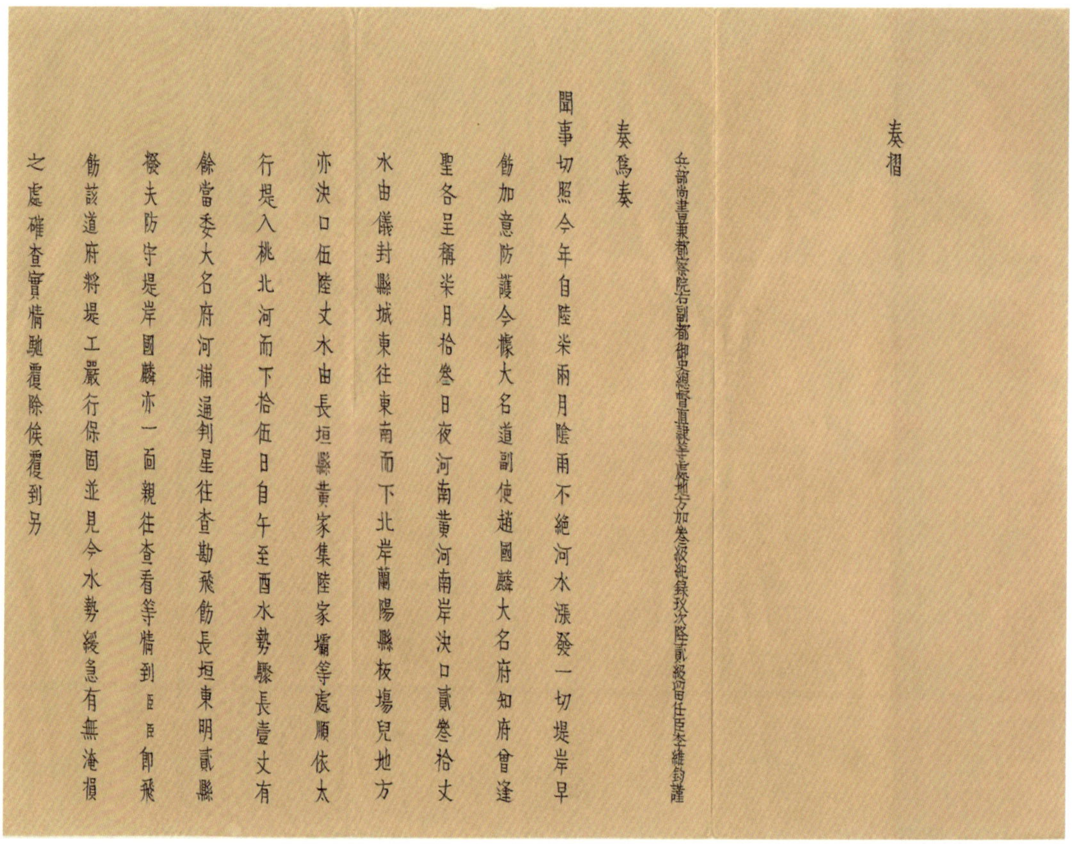
奏摺

兵部尚書兼都察院右副都御史總督直隸等處地方加叁級紀録玖次降貳級留任臣李維鈞謹

奏爲奏

聞事切照今年自陸柒兩月陰雨不絶河水漲發一切堤岸早

飭加意防護今據大名道副使趙國麟大名府知府曾逢

聖各呈稱柒月拾叁日夜河南黄河南岸決口貳叁拾丈

水由儀封縣城東往東南而下北岸蘭陽縣板場兒地方

亦決口伍陸丈水由長垣縣黄家集陸家壩等處順依太

行堤入桃北河而下拾伍日自午至酉水勢驟長壹丈有

餘當委大名府河捕通判星往查勘飛飭長垣東明貳縣

發夫防守堤岸國麟亦一面親往查看等情到臣臣即飛

飭該道府將堤工嚴行保固並見今水勢緩急有無淹損

之處確查實情馳覆除俟覆到另

奏外所有河南黄河北岸決口水至太行堤下緣由理合先

行奏

聞伏祈

皇上睿鑒再欽奉

硃批奏明事貳摺奏覆事敬陳管見等事請

旨事計共伍摺一併恭繳謹具奏

聞

自然應如是耳

雍正叁年柒月貳拾陸日兵部尚書兼都察院右副都御史總督直隸等處地方加叁級紀錄玖次降貳級留任臣李維鈞

二二

奏

漕運總督臣張大有謹
奏為
奏
聞事切睢寧縣朱家海黄河決口臣於田淮之時曾
經到彼看視至今堵築尚未竣工據兑運徐屬
漕糧長淮衛三帮徐州帮两帮回空丁船報稱
行至駱馬湖口距朱家海沙淤六十餘里不能
前進臣即移咨河臣查問另行河道據河臣齊
蘇勒覆稱徐屬空船可由駱馬湖口達黄出祥
符閘入白洋河抵至漫口前往徐州受兑等因
到臣臣隨差標員同河官由駱馬湖一路探水
至祥符閘口門有淺阻處所現在挑挖糧船未

可遽行又據河員稟稱朱家海決口之旁挑有引河十一月内開河放水幫船即可行走等語臣查徐屬糧船或由祥符閘行走或俟開放引河行走臣與河臣齊蘇勒同心料理務期無悮新運總之朱家海決口仰賴

皇上洪福今歲堵築完工則來歲糧船自無淺阻之虞矣所有徐屬幫船暫停駱馬湖口緣由謹繕摺子差臣家人白英恭賫

奏

聞

知道了此等總賴

上蒼賜佑只盡人事以聽之耳何能逆料

雍正叁年拾壹月初捌日

一三

奏

兵部左侍郎副總河臣嵇曾筠謹

奏為恭報桃汛平穩仰慰

聖懷事竊照今歲立春以來天氣融和水勢微長至清明以後發水貳尺有餘因兩岸灘地俱高桃汛雖屆不致出漕一切堤工仰賴

皇上洪福俱極平穩奉

旨增卑培薄等工業經飭廳印各員擇險先修臣親自往來催儹所有歲修埽壩工程亦俱上緊修防臣凜遵

聖訓嚴切惟有戰兢惕勵盡心竭力逐一相機辦理不敢稍懈今於叁月初柒日遵照部

文自蘭陽起程前赴彰德府等處會同
欽差内閣學士臣何國宗等并撫臣田文鏡勘
議漕運河道泉源事宜俟會議事竣仍星
馳蘭考一帶督工料理謹將桃汛水勢工
程平穩情形據實奏
聞上慰
聖懷爲此具奏伏祈
皇上睿鑒謹
奏

着實小心而保固數年河底刷深時方可無慮

雍正肆年叁月拾叁日

二四

奏

河南巡撫臣田文鏡謹

奏爲恭報伏汛水勢平穩情形以慰

聖懷事竊臣伏查豫省黃河水勢前據陝西署

寧夏府事水利同知王佩璁報稱雍正肆

年陸月初肆日黃河水長貳尺臣隨嚴飭

道廳印汛各官率領兵夫住宿堤上加意

防護幸保無虞今查自本年陸月初壹日

起至柒月初玖日止共長水自貳叁寸起

至貳尺壹貳寸不等除長落相抵外現今

已屆立秋水勢有消無長一切堤岸工程

俱各平穩此皆仰蒙我

皇上誠敬感孚念切民依發帑修防河伯効靈

之所致也臣職任封疆不勝歡欣凜惕所
有伏汛水勢平穩情形理合繕摺
奏
聞仰祈
聖鑒再臣伏查南北兩岸增卑培薄堤工經副
河臣嵇曾筠同臣節次嚴催勒限上緊堅
築並遴委標員不時查催現今共計做過
工程已足捌分之數其餘未完貳分的於
秋汛前後均可一律告竣誠恐上廑
聖懷合併
奏
聞爲此謹
奏
深慰朕懷秋汛更屬緊要加謹防護

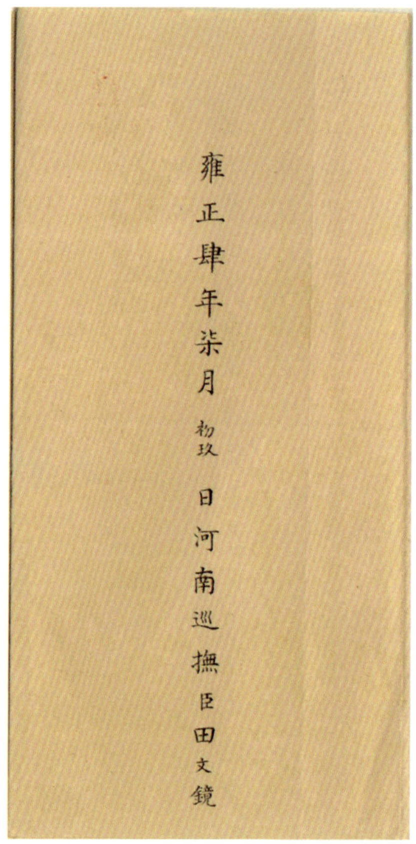
雍正肆年柒月初玖日河南巡撫臣田文鏡

二五

奏

河南巡撫臣田文鏡謹

奏爲據實覆

奏仰祈

聖鑒事竊臣於雍正肆年柒月貳拾肆日據臣

齎摺家人回豫捧到

皇上

硃批臣恭報伏汛水勢平穩一事欽奉

諭旨深慰朕懷秋汛更屬緊要加謹防護欽此

臣跪讀之下仰見我

皇上軫念河防勤求備至臣敢不凛遵

聖諭時刻留心加謹防護茲臣伏查黄河水勢

自入秋汛以來安瀾循軌一切堤工俱各

平穩至於增卑培薄工程亦已將次告竣又臣於本年肆月内飭令各管河同知將節年河泓刷深若干尺寸逐一據實確查分晰稟覆去後今據開封府上南河同知拖克拖海稟稱所屬鄭州滎澤中牟叁州縣河泓自雍正貳年起至雍正肆年陸月内止刷深貳叁尺起至肆尺不等又據開封府下南河同知劉永錫稟稱所屬祥符陳留蘭陽儀封肆縣河泓自雍正貳年起至雍正肆年陸月内止刷深貳叁尺起至捌玖尺不等又據開封府署上北河同知事陽武縣知縣鮑學沛稟稱所屬原武陽武封邱叁縣河泓自雍正貳年起至雍正肆年陸月内止刷深肆伍尺起至捌玖尺壹丈不等又據懷慶黄河同知兼管滎澤北岸孔傳煥稟稱所屬武陟縣趙庄壩下至滎澤縣交界河泓自雍正貳年起至雍正肆年陸月内止共刷深伍陸尺不等

又據歸德府河務通判葉光會禀稱所屬
考城商邱虞城叁縣河泓自雍正貳年起
至雍正肆年陸月内止刷深貳叁尺起至
陸柒尺不等臣查現在河身漸次刷深則
河面漸次收窄將來由窄而更刷深則崖
岸日高水由地中自可永保安瀾矣此皆
仰蒙我
皇上誠敬感孚河伯効靈之所致也所有河泓
刷深情形合併
奏
聞以慰
聖懷又臣覆
奏秋禾暢茂一事欽奉
聖諭朕秉質前程二字從來不敢期望惟以敬
誠二字以静聽
上天神明之所賜此等之奏朕實惟以手加額
欣幸之念皆不敢輕動也爾等封疆大臣當
識朕意欽此臣伏思我

皇上自御極以來體恤民隱如同保赤而
聖敬日躋又復宵旰憂勤此誠千古
帝王所未有
　內外臣工所共知者也臣跪讀
諭旨不勝悚惕臣惟有夙夜仰體小心翼翼以
仰副我
皇上諄切垂
訓之
聖意於萬一耳緣欽奉
皇上
諭旨理合繕摺覆
奏仰祈
聖鑒謹將原摺貳扣一併恭繳爲此謹
奏

實慰朕懷想係河督合河員留神因有此奏朕
甚嘉覽焉再夏令初秋多雨保秋防汛要緊要緊

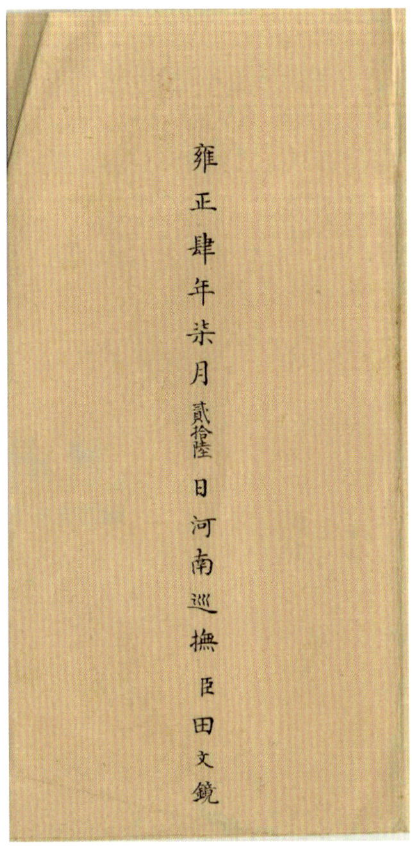

雍正肆年柒月貳拾陸日河南巡撫臣田文鏡

二六

奏

兵部左侍郎副總河臣嵇曾筠謹
奏為恭報柒月内工程水勢平穩情形仰祈
睿鑒事雍正肆年柒月拾柒日臣查工至考城
縣地方跪接
皇上御批臣恭報陸月内工程水勢奏摺奉
硃批
旨今歲春末夏初雨水光景朕甚憂慮不料陸
月如此晴霽朕甚慶幸但數年來秋汛多盛
於伏汛更當慎之不知河身可刷深些否欽
此臣跪讀之下仰見我
皇上宵旰勤勞精誠感格遂致雨暘時若水土
平寧凡屬臣民莫不額手稱慶況臣身歷

河干稟承
方畧得以勉竭駑駘其踴躍歡忭之衷不啻與
感激奮勵之忱交切也查伏汛水勢平穩
情形臣謹循例於柒月拾叁日會疏
題明在案嗣後秋汛漸盛至柒月拾玖日共
長伍尺有餘臣往來兩岸目擊水勢雖長
風浪甚平仰賴
皇上洪福一切堤埽工程防衛周密且旋長旋
消波恬工固臣惟恪遵
聖訓更加勤慎督率廳汛等官多備料物上緊
修守勿敢一刻稍懈令白露伊邇務期保
固平穩上慰
聖主軫念河防至意伏查河身自雍正貳年叁
莫放鬆秋汛當酌實防範勤〻慎〻
年以来即已漸次刷深令欽奉
諭旨隨飭各廳汛員弁逐一探量具報前来謹
將現在深淺丈尺分別廳縣另繕奏摺恭
呈
御覽但豫省地勢南岸高於北岸故同此壹河

而深淺各異且黄河水性變遷靡常大溜趨向無定溜走則水急沙行而河深溜移則水緩沙停而河淺似難畫一更間有支河分水以及曾經漫溢之處其河泓亦較他處稍淺然皆在壹丈以外今兩岸堤工鞏固水由地中河身自當愈刷愈深也再查目下正值秋汛水長之際中泓拋錨探量大溜湍激不能直下恐間有未准之處應請於霜降後水勢平緩再行確探具奏合併聲明所有柒月内工程水勢平穩情形并河身刷深緣由理合奏

聞恭慰

聖懷伏祈

睿鑒謹

奏

朕原不過問大槩便霜降後河性遷變亦不能料其必也况如此等事自己利害預先防避之意君臣之間皆不必存此互相趨避之心如果無過何用避也如果有過更不必避也總言一不誠不公

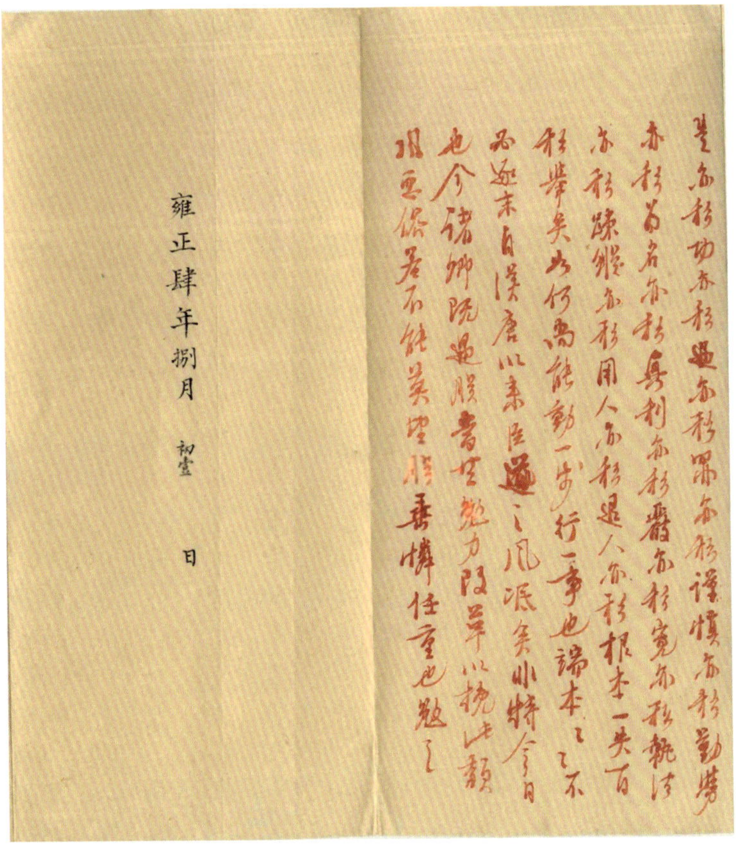

是爾務功爾務過爾務罪爾務謹慎爾務勤勞
爾務虛名爾務專利爾務嚴爾務寬爾務執法
爾務疎縱爾務用人爾務退人爾務根本一失百
務皆失此何為能動一步行一事也端本之不
為逐末自漢唐以來臣道之風泯矣非特今日
也今諸卿既遇朕當黽勉力改革以挽此頹
風惡俗若不能共理朕豈慚任重也勉之

雍正肆年捌月初壹日

二七

奏

兵部左侍郎副總河臣嵇曾筠謹
奏為秋汛方中工程平穩據實上
聞恭慰
聖懷事雍正肆年捌月拾貳日臣在儀封縣北
岸工次接撫臣田文鏡自闈中所發書字
內云柒月貳拾貳日將立秋以後汛水安
瀾情節具摺奏
聞至捌月初玖日跪接
皇上硃批奏摺奉
旨甚慰朕懷但今歲秋汛朕甚憂畏不知何故
可與嵇曾筠協力加謹防護欽此不勝夙夜
徬徨憂懼交集擬即繕摺覆

奏因匏繫棘闈不敢違例用墨祈即代為入
告恭慰
聖懷等因臣跪讀
諭旨伏念我
皇上懷保萬民平成水土無一時一刻不以中
州河道上廑
宸衷仰蒙
聖訓嚴切交相勗勉臣實不勝惶悚恐懼感激
奮發也查柒月內工程水勢平穩情形臣
已於捌月初壹日繕摺恭
奏在案自捌月以來秋陽晴皎雖於初伍陸
等日長水肆尺有餘旋即消落不似上年
壅滯即此可徵河底深通之驗今白露已
過水勢日漸歸漕即至霜降可幸無虞此
誠我
皇上至誠感
神河伯効靈是以工程鞏固萬姓懽騰也臣
細閱水勢查北岸武陟釘船幇壹帶自蒙

聖恩俞允發帑挑挖倉頭中灘引河吸引大溜
自西而東令趙庄壩迤下悉淤成灘地釘
船幫秦家廠等處工極平穩迤下原武陽
武封邱支河堵塞非有大水不到堤根其
祥符陳留蘭陽北岸水勢掃灣拖溜皆有
重堤護埽惟儀封北岸之三家庄與東省
芝蔴庄接壤大溜縈洄河形尚有南北頂
衝之勢已經多積料物調集兵夫晝夜修
守況現在增築越堤務期有備無患其南
岸自滎澤鄭州中牟皆係從前險工連年
修守土埽工程俱極堅固迤下祥符陳留
蘭陽儀封考城商邱虞城等處內外大堤
越堤業已增培高厚埽工時時鑲墊兼之
今歲秋收豐熟料物雲集工程修整足資
捍禦撫臣田文鏡坐鎮省城分遣官役查
察臣曾筠奔馳兩岸晝夜催儹堤埽等工
凡明險暗險之處俱相機盡力修防仰賴
聖主洪福今歲工程定可保固平穩荷蒙

聖諭詳切臣惟有愈加勉勵盡心協力加謹防
護仰副
睿慮憂勤不敢片時稍懈所有欽奉
皇上硃批
諭旨事理謹將工程水勢平穩情形據實恭摺
奏
聞上慰
聖懷伏祈
睿鑒謹
奏

此時朕懷方慰矣可幸幸能保數年水由地中方
我君臣釋念之日勉之慎之

雍正肆年捌月 拾陸 日

二八

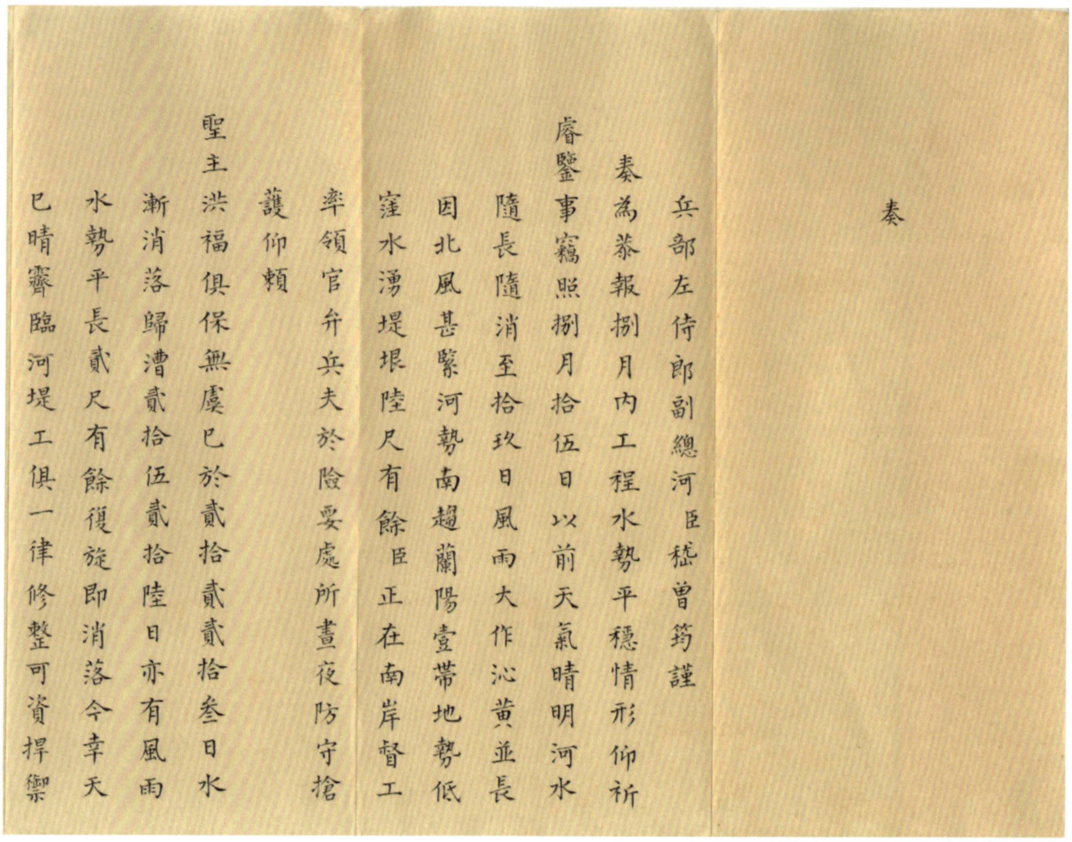
奏

兵部左侍郎副總河臣嵇曾筠謹
奏為恭報捌月內工程水勢平穩情形仰祈
睿鑒事竊照捌月拾伍日以前天氣晴明河水
隨長隨消至拾玖日風雨大作沁黃並長
因北風甚緊河勢南趨蘭陽壹帶地勢低
窪水湧堤根陸尺有餘臣正在南岸督工
率領官弁兵夫於險要處所晝夜防守搶
護仰賴
聖主洪福俱保無虞已於貳拾貳貳拾叁日水
漸消落歸漕貳拾伍貳拾陸日亦有風雨
水勢平長貳尺有餘復旋即消落今幸天
已晴霽臨河堤工俱一律修整可資捍禦

其遥越格堤增補修築務必豐滿堅固現

在竭力催儹剋期告竣臣凜遵

聖訓愈加小心勤慎防守所有捌月内工程水

勢平穩情形謹繕摺奏

聞恭慰

聖懷伏祈

睿鑒謹

奏

知道了

雍正肆年捌月　貳拾柒　日

二九

奏

兵部左侍郎副總河臣嵇曾筠謹
奏為恭報秋汛將竣工程水勢平穩仰慰
聖懷事竊照捌月内黄河兩岸工程平穩已經
奏明在案嗣於捌月貳拾捌貳拾玖至玖月
初叁初肆等日汛水接連長發計有伍陸
尺不等誠如
聖諭數年來秋汛多盛於伏汛仰見我
皇上至誠朗照明燭機先纖毫不爽也茲幸水
勢漸次消落一切堤埽工程俱蒙
聖謨指示周詳發帑增培高厚極其平穩此誠
數十年希有之安瀾皆荷我
皇上勤求治理誠敬格

天是以秋汛盛長仍復循途順軌兩岸安寧令玖
月拾柒日
河神誕辰濱河萬姓咸以堤工鞏固閭井熙
恬感戴
皇恩扶老携幼踴躍歡呼齊赴奉
旨敕建之嘉應觀叩首酬神頂祝
萬壽無疆臣現在往来巡查更加小心防守所
有水勢工程平穩萬民感戴情形謹據實
奏
聞恭慰
聖懷伏祈
睿鑒謹
奏

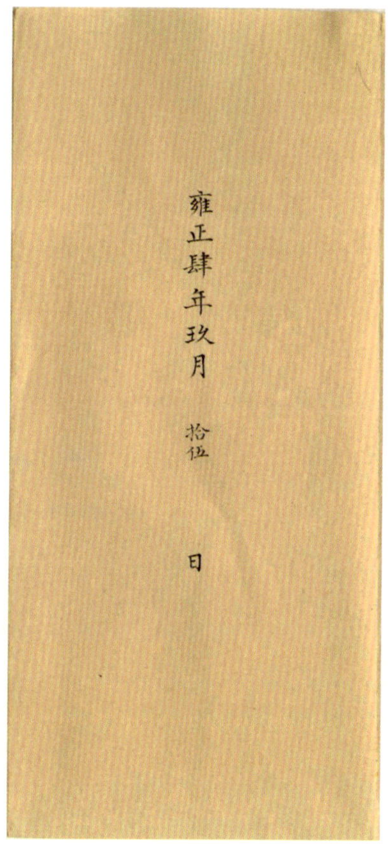
雍正肆年玖月拾伍日

三〇

奏

巡察河南等處官戶科掌印給事中臣張元懷謹
奏爲恭報微臣巡察河南各府州縣已周仰乞
睿鑒事竊臣奉
旨巡察河南於正月二十九日入河南境除巡察彰
衛二府前已具摺恭
奏外至三月二十四日巡察懷慶府訖由封邱縣
渡河挨次巡察大河以南五府七州所屬各縣
至九月十七日至歸德府寧陵縣通計河省一
百十州縣俱各巡察已周臣查河南盜案自六
月以後漸次稀少揆厥所由實因我
皇上聖德感召時和年豐二麥咸登三秋多稼所以
中州百姓戶慶盈寧人各樂業臣遍歷郊圻見

黄童白叟相聚田間臣謹宣布
皇仁與言緝盜安民之故並勸其勤儉以積粟守望
以相助百姓聞之歡頌
皇仁語言質樸愈覺意向肫誠仰見
豫省風俗向來樸實者
皇上聖德感化之神而兩河民風之醇矣至於河南
驛站馬匹俱各足數每驛各有餘馬三五匹不
等臣親身查驗或正額馬匹間有齒老疲瘦者
即以餘馬補足惟於八月初一日至汝寧府署
汝陽縣遂平縣知縣魏玉相先已因公赴省據
典史曹士錦呈送驛馬冊籍内開額設馬二十
二匹内止收交代三匹餘十九匹俱係老弱殘
傷未經接受臣查原任知縣繆之弼已因别案
革職遂平縣知縣魏玉相署汝陽縣已及三月
既經查出馬匹老弱殘傷即應具文通詳既不
通詳即應整理驛務方屬稱職今但以未受交
代爲詞似非實心辦事之道臣隨於初二日行
文驛道楊夢琰查報去後初八日據驛道楊夢
琰回文内稱署汝陽縣魏玉相所有未接馬匹

業經買足當即回縣趕赴查驗隨於初十日親
王相將馬匹趕赴汝陽縣臣親身查看逐一印
烙交驛訖合併
奏
聞至於河南衛路烟墩兵丁俱各守汛房屋亦各修
葺完好凡前項事件係臣巡查職任之事為此
謹具摺恭
奏再查吏部原議內開臣等巡察官務於一年之
內遍歷各府等語臣於正月二十九日入河南
境至九月十七日巡察河南地方已周應否准
臣回京面
俟旨當用時後汝不必拘定向往熟視可也
奏河南事宜徼臣未敢擅便謹遣臣家人李安賫
摺恭
河南處汝較他省可謂盡善矣若有所奏具摺來
進
一切秉公具奏不可聽人指使自取罪戾勉之慎之
睿覽施行臣不勝敬謹待
莫負朕之任用
命之至謹
奏
凡事先以黎庶為主不可過刻處嚴密之

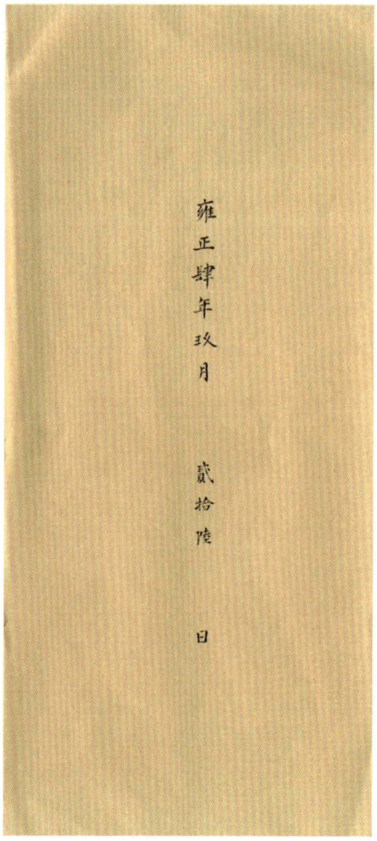

雍正肆年玖月　貳拾陸　日

三一

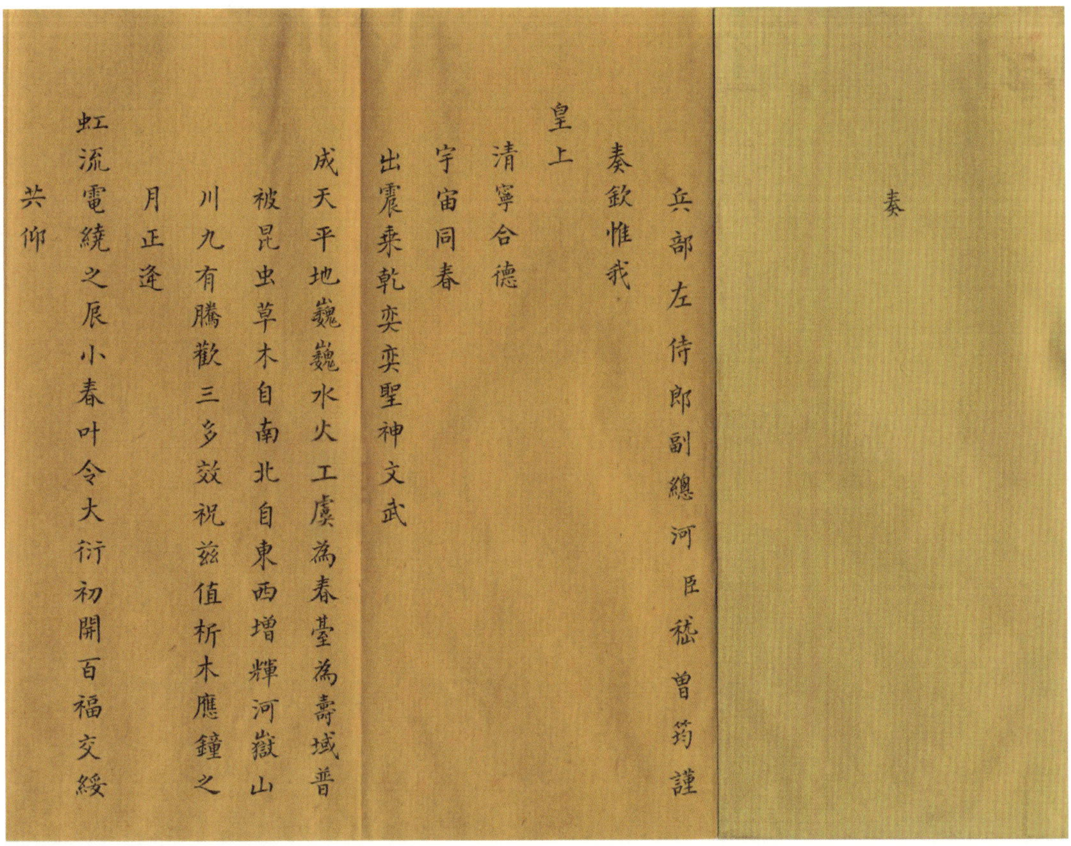

奏

兵部左侍郎副總河臣嵇曾筠謹
奏欽惟我
皇上
清寧合德
宇宙同春
出震乘乾奕奕聖神文武
成天平地巍巍水火工虞為春臺為壽域普
被昆虫草木自南北自東西增輝河嶽山
川九有騰歡三多效祝茲值析木應鐘之
月正逢
虹流電繞之辰小春叶令大衍初開百福交綏
共仰

一人有慶三才合撰咸歌
萬壽無疆得位得祿得壽得名庥臻
至聖若江若淮若河若漢慶溢朝宗臣心依
日下職守河干遵
指示於三年水由地中共沐煌煌
聖訓幸功成於九曲源從天上忻霑浩浩
恩波謹獻安瀾之繪敬抒舞蹈之忱沁碧河黃
釀就蓬池玉液前堤後堰環來禹甸金湯
載賡如阜如山普頌壽民壽世伏願
皇輿鞏固
聖德遐昌
景運開天益啟圖書之瑞
昌期永算會呈河洛之祥臣無任踴躍懽忭
之至謹繪圖恭
進伏祈
睿覽謹
奏

覽

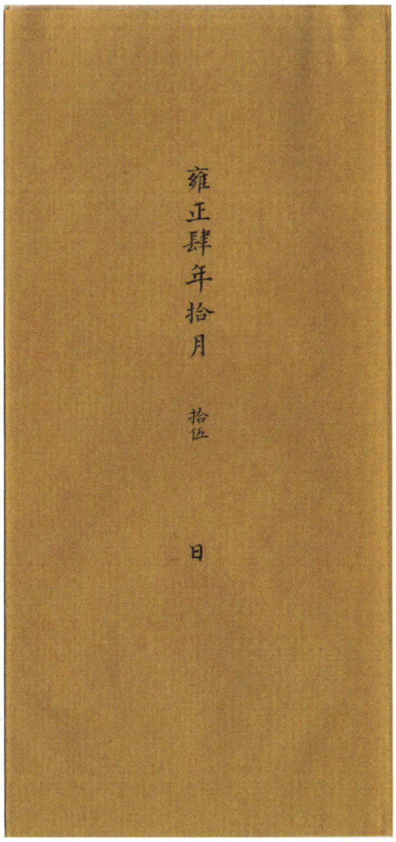
雍正肆年拾月拾伍日

三二

奏

兵部左侍郎副總河臣嵇曾筠謹

奏爲遵

旨查勘引河情形事。雍正肆年拾月貳拾貳日

臣具摺恭

進黄沁安瀾圖。本月貳拾叁日奏事張文彬

傳臣齎摺家人展圖指示，傳

皇上聖旨：河圖上這灣子該開道引河，南岸司

家道口等處就不受害了。迤下這灣亦應開

河。若别處有形勢相類的，都應相機開河。傳

諭到臣。欽此欽遵。臣跪聆之下，仰見我

皇上聖謨廣運，

睿慮周詳，

特加指示堤河並重疏築兼興洵河防萬世之利也臣遵即率領河員乘船相度伏查黃河形勢東西暢流則勢順而安恬南北斜衝則勢橫而激蕩今河身上自廣武山而下引河深通尚能東行於兩岸之中而祥符以下河勢多曲每遇掃灣轉溜即成南北斜衝兩岸險工均坐此病如南岸考城之司家道口等處北岸儀封之三家庄其最著者也細閱河身自儀封北岸之趙家寨迤西灣環起勢直走正南至考城之縷水堤迤北環向正東掃逼句家寨淘作兜灣每至水長之時下行不暢則橫流旁注汕成支河分道南侵此考城司家道口一帶受病之源也又自句家寨斜趨西北折行東北經豫省之三家庄東省之芝蔴庄等處繞道而南至王家樓迤下方斜流東注此北岸兩省險工受病之源也今若將南北兩灣從中挑斷引水直流則段南北

之形而成東西之勢西岸工程誠有裨益
但從来開挑引河必須河頭有吸川之形
河尾有建瓴之勢方可期其必成至於上
下接挑尤必上段之河尾與下段之河頭
吐納相應呼吸相通方能一氣貫注今查
儀考西邑之河灘沓係平沙漫衍並無西
高東下之勢而西層首尾亦不能直接順
通且河頭接溜之處去北岸較遠而離南
堤較近恐北岸之險雖去而南岸之險復
增似難必其萬全所以東撫臣陳世倌曾
經
奏請河臣齊蘇勒亦經奉
旨查勘而不敢輕議開挑者職此之故即臣兩
年以来因儀考堤工告險往来救護舟楫
頻經親行相度至再至三緣未獲因勢利
導之機宜未敢冒昧陳
請今惟有督率各員加緊保守以防明歲汛
水倘河形遷改機遇可乘即當隨時具

奏開挑斷不敢因循貽悞也至於此外工程
則有祥符縣南岸之程家寨蘭陽縣南岸
之四水口險工似應疏濬而形勢亦未敢
輕議查祥符程家寨一帶黃河自柳園口
而下至軍張樓迤上由北岸掃灣起勢坐
西北而趨東南逼近堤根勢甚險要若於
北岸開挖引河以分其勢則河形取直南
岸得資平穩但逐細查丈河頭河尾上自
軍張樓下至草廠口須長貳千餘丈誠恐
形長勢緩難資衝刷成功況程家寨工程
蒙我
皇上允准興修楷埽繁多今若開挖引河恐河
身隨勢更改已成之楷埽置之無用而新
生之險工又須搶護
國帑攸關未敢輕舉惟有竭力隄防以期鞏
固又查蘭陽四水口一帶黃河上自祥陳
漫灘滙流而下將水口北面之支河衝刷
深廣勢甚猛悍又兼南崖日就坍塌逼近

大堤每當出漕泛溢大溜乘勢頂衝況四
水口皆係遠年堵築漫缺之工埽料堆積
而成一經洪波浸灌難免淺氣滲水所恃
以悍禦者止此一線单堤本年伏秋臣率
領河員分援料理晝夜搶護幸賴
皇上洪福齊天得以保守無虞今若自上流毆
家潭埽灣處開挖引河至銅瓦廂迤南出
口再從鮑家寺北岸接開引河至朱家庄
南出口則四水口之險工可以平穩但毆
家潭埽灣離堤工不滿百丈倘引河挖就
一經開放灘崖勢必隨水而去堤身萬不
能保若止挑鮑家寺北岸之引河則河頭
吸溜不緊不能保其必成臣惟有於蘭陽
四水口大堤内外加意保守現在與河撫
二臣會商添建土埽工程容俟另疏具
題請
旨以為未雨綢繆之計伏念我
皇上神功聖德宵旰河防費百萬之帑金垂而

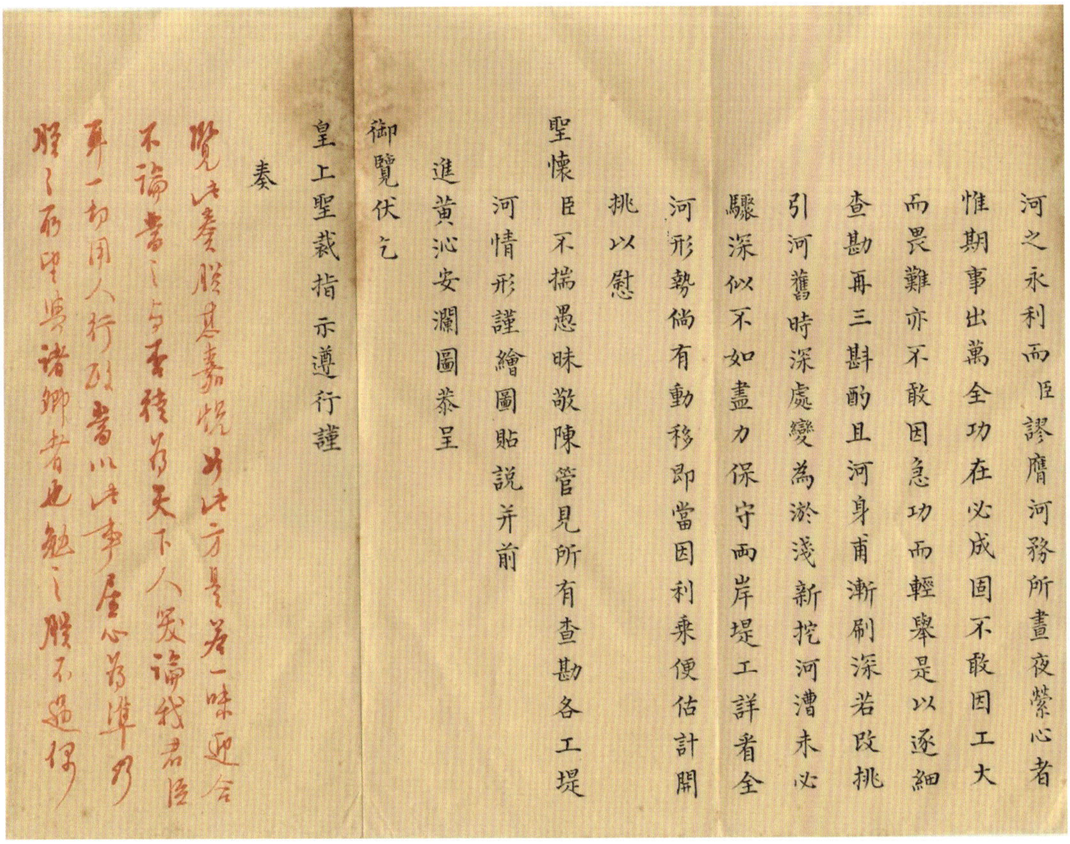

河之永利而臣謬膺河務所晝夜縈心者
惟期事出萬全功在必成固不敢因工大
而畏難亦不敢因急功而輕舉是以逐細
查勘再三斟酌且河身甫漸刷深若改挑
引河舊時深處變為淤淺新挖河漕未必
驟深似不如盡力保守兩岸堤工詳看全
河形勢倘有動移即當因利乘便估計開
挑以慰
聖懷臣不揣愚昧敬陳管見所有查勘各工堤
河情形謹繪圖貼說并前
進黄沁安瀾圖恭呈
御覽伏乞
皇上聖裁指示遵行謹
奏

覽此奏朕甚嘉悅如此方是若一味迎合
不論當之與否徒為天下人笑論我君臣
耳一切用人行政當以此事居心為準則
朕之所望與諸卿者也勉之朕不過得

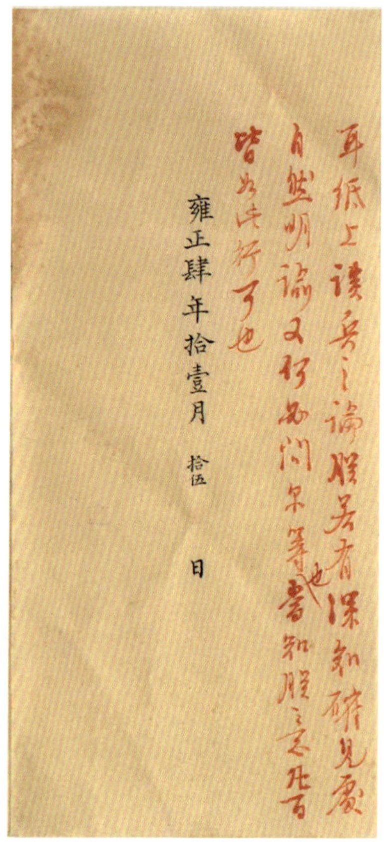
雍正肆年拾壹月拾伍日

三三

奏

漕運總督降一級留任臣張大有謹

奏為

盛世河清事雍正四年十二月二十五日據淮徐道

康弘勳詳稱自河南虞城縣至徐州淮北一帶

黄河于十二月十六十七等日起河水澄清等

因到臣此誠我

皇上聖德感召亘古未有之祥瑞也臣現在具疏

題

賀賫送通政司敬呈

御覽謹繕摺子差臣標千總張國寧恭賫

奏

聞伏祈

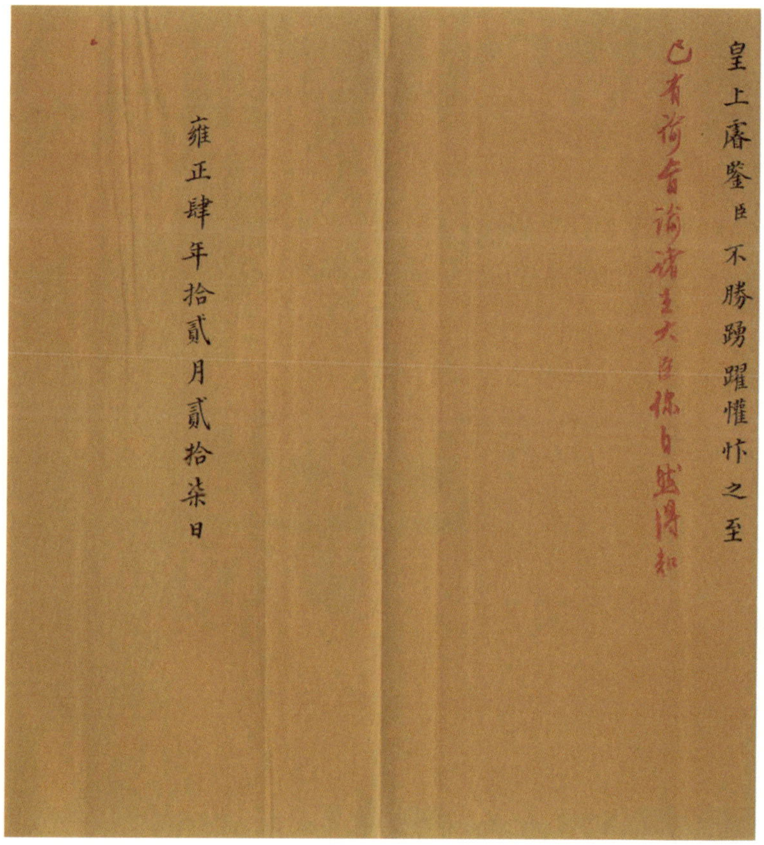

皇上睿鑒臣不勝踴躍懽忭之至

已有旨諭諸王大臣你自然得知

雍正肆年拾貳月貳拾柒日

三四

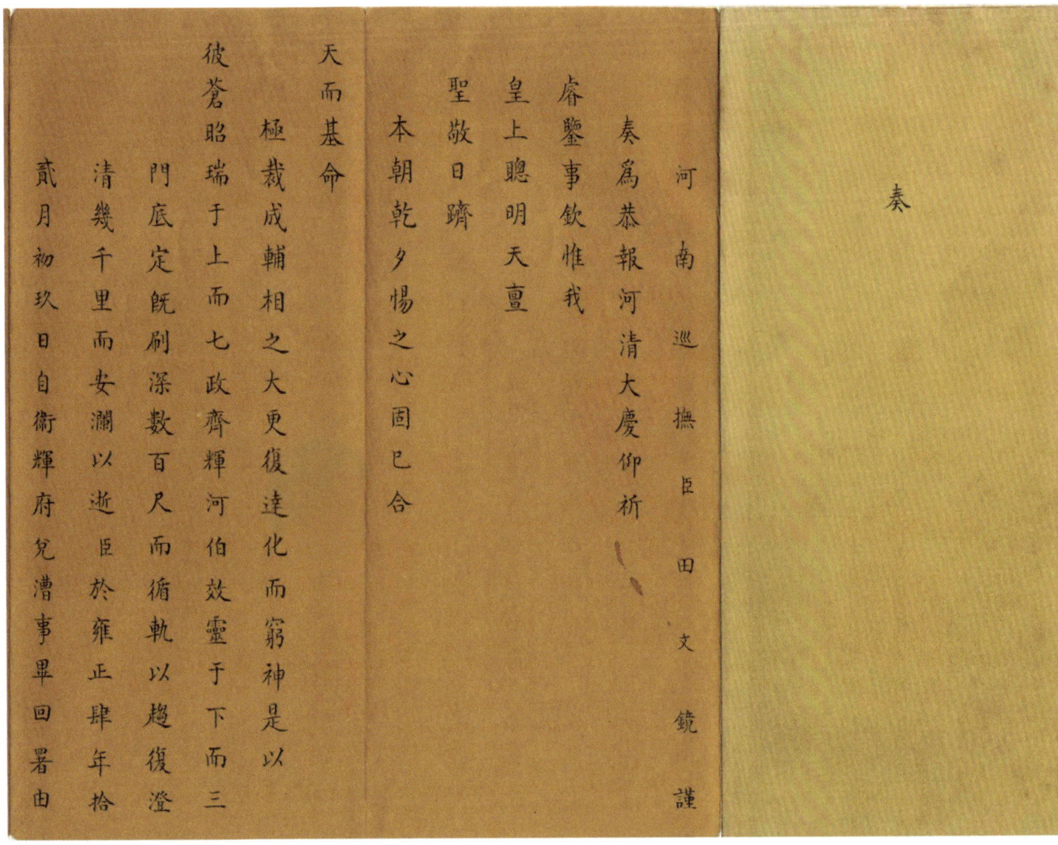
奏

河南巡撫臣田文鏡謹

奏爲恭報河清大慶仰祈

睿鑒事欽惟我

皇上聰明天亶

聖敬日躋

本朝乾夕惕之心固已合

天而基命

極裁成輔相之大更復達化而窮神是以

彼蒼昭瑞于上而七政齊輝河伯效靈于下而三

門底定既刷深數百尺而循軌以趨復澄

清幾千里而安瀾以逝臣於雍正肆年拾

貳月初玖日自衛輝府兌漕事畢回署由

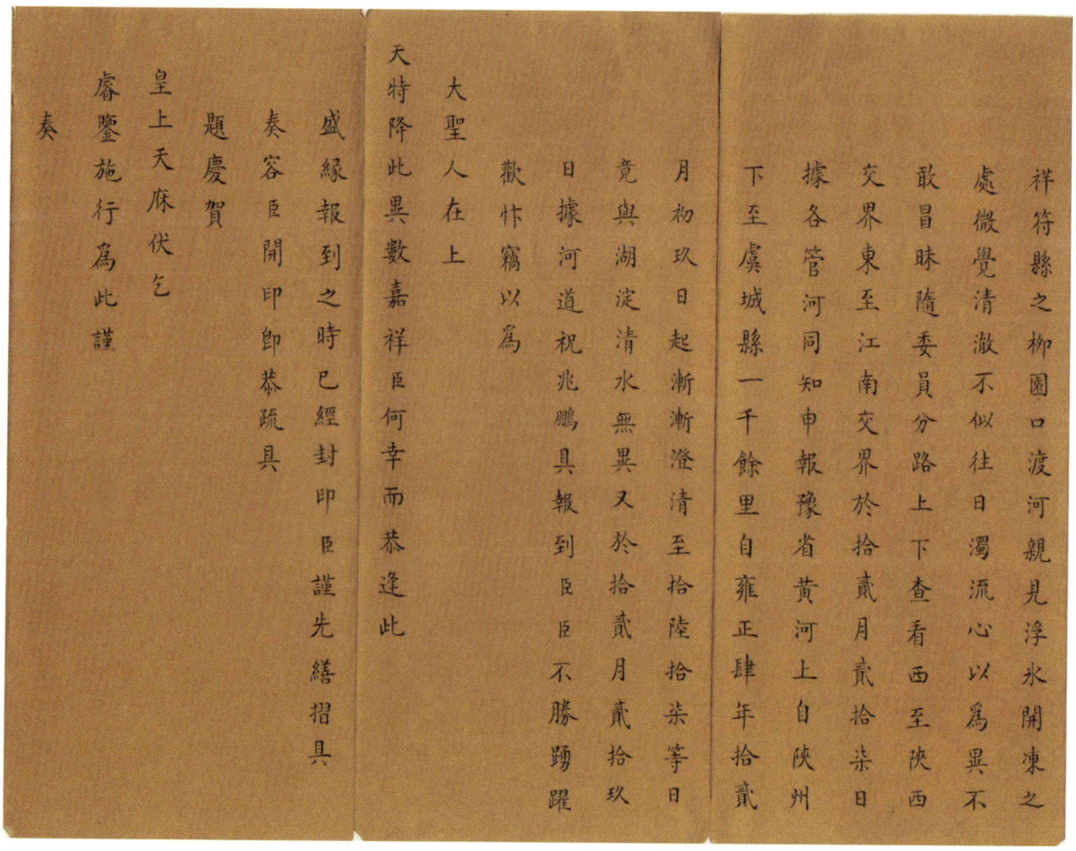

祥符縣之柳園口渡河親見浮氷開凍之
處微覺清澈不似往日濁流心以爲異不
敢冒昧隨委員分路上下查看西至陝西
交界東至江南交界於拾貳月貳拾柒日
據各管河同知申報豫省黄河上自陝州
下至虞城縣一千餘里自雍正肆年拾貳
月初玖日起漸漸澄清至拾陸拾柒等日
竟與湖淀清水無異又於拾貳月貳拾玖
日據河道祝兆鵬具報到臣臣不勝踴躍
歡忭竊以爲
大聖人在上
天特降此異數嘉祥臣何幸而恭逢此
盛緣報到之時已經封印臣謹先繕摺具
奏容臣開印即恭疏具
題慶賀
皇上天麻伏乞
睿鑒施行爲此謹
奏

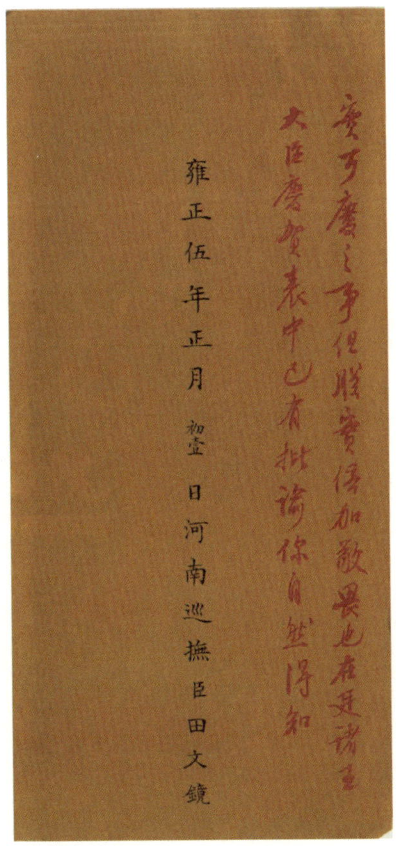

黄河慶之事但朕實係加敬畏也在廷諸王大臣慶賀表中已有批諭你自然得知

雍正伍年正月初壹日河南巡撫臣田文鏡

三五

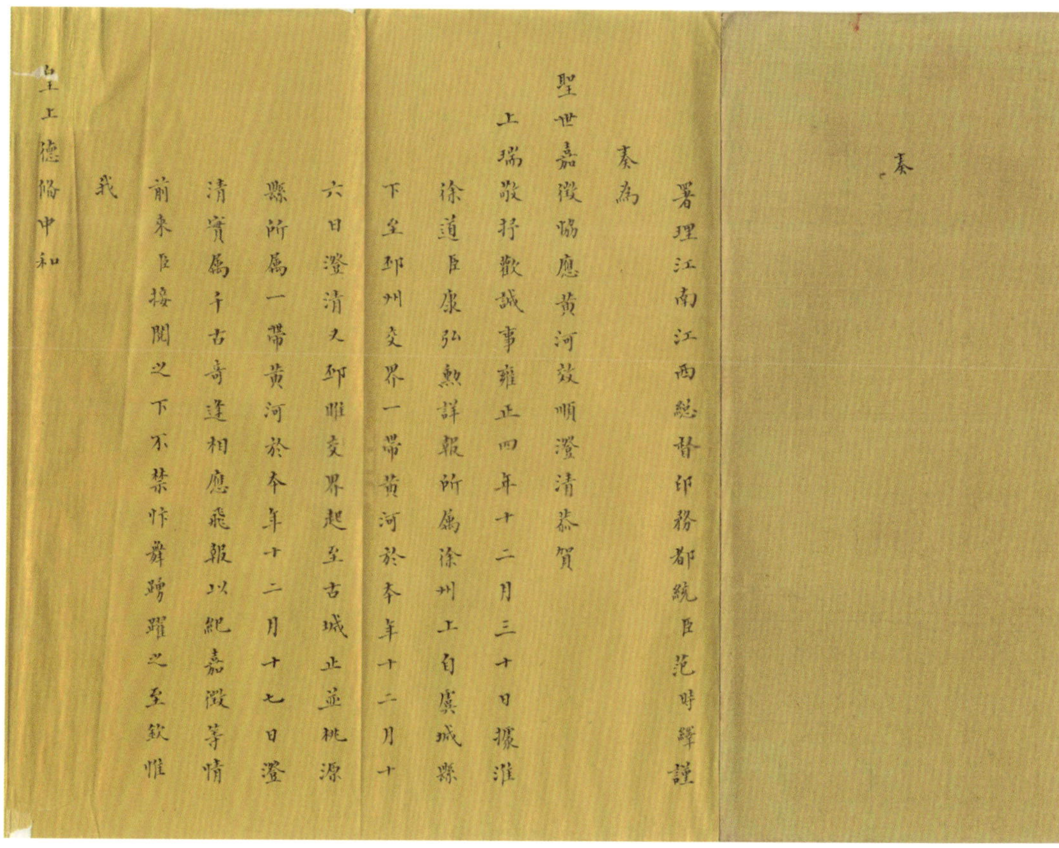
奏

署理江南江西總督印務都統臣范時繹謹
奏為
聖世嘉徵協應黄河效順澄清恭賀
上瑞敬抒歡忱事雍正四年十二月三十日據淮
徐道臣康弘勲詳報所屬徐州上自虞城縣
下至邳州交界一帶黄河於本年十二月十
六日澄清又邳睢交界起至古城止並桃源
縣所屬一帶黄河於本年十二月十七日澄
清實屬千古奇逢相應飛報以紀嘉徵等情
前來臣接閲之下不禁忭舞踴躍之至欽惟
我
皇上德協中和

功崇位育
繼離御世奠四海於宵衣旰食之中
履泰膺圖運八埏於仁漸義靡之内民安物阜率
土沾
恩靈草景星頻年呈瑞乃
聖德彌新嘉徵脩應兹當歲序更新之候正值
皇上大慶之年
天錫純禧頌
春臺者千八百國
河流清湛綿
寶曆於億萬斯年臣躬際
昌期欣逢
大瑞仰無疆之
仁壽歡忭彌殷瞻
有道之化成賡颺恐後祇緣時值遵例封印不及
恭疏
題報今謹繕摺先行奏
賀謹遣臣標把總宋玉貴

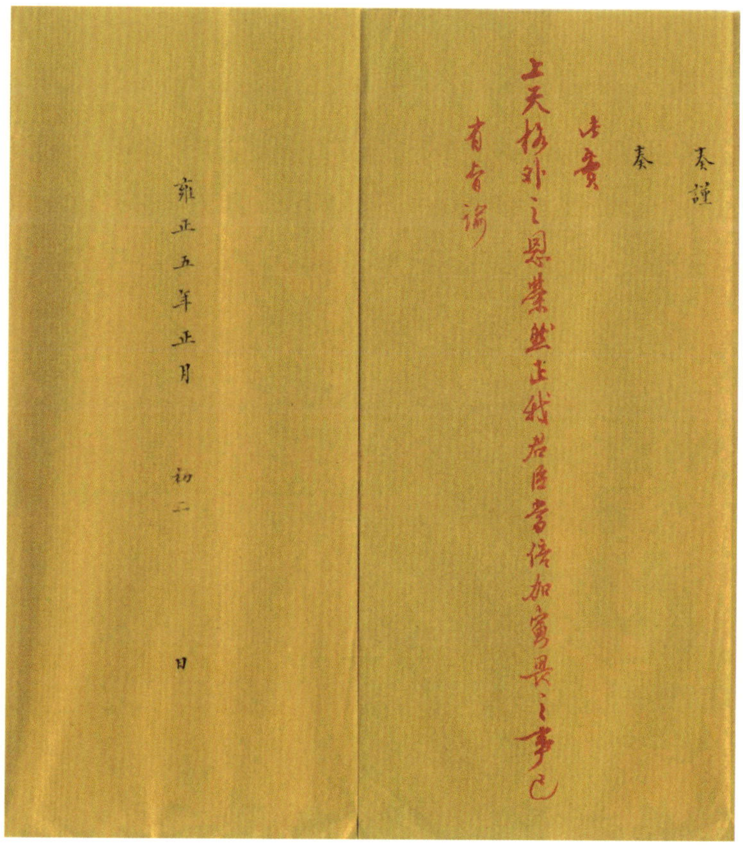

謹奏

奏

此賚

上天格外之恩業然止我君臣當倍加寅畏之事已

有旨諭

雍正五年正月　初二　日

三六

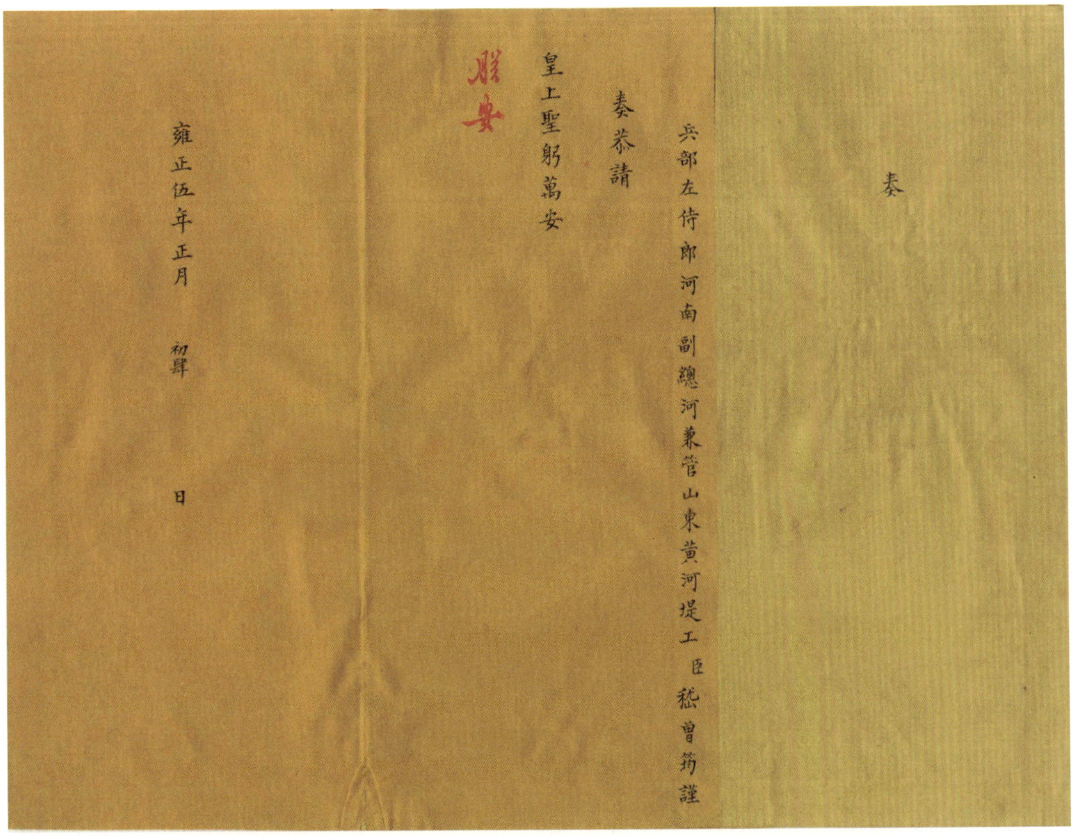

奏

兵部左侍郎河南副總河兼管山東黄河堤工臣嵇曾筠謹

奏恭請

皇上聖躬萬安

朕安

雍正伍年正月　初肆　日

三七

奏

兵部左侍郎河南副總河兼管山東黃河堤工臣嵇曾筠謹

奏為恭報

聖世河清昌期嘉應事竊照豫省黃河自雍正肆年拾貳月初柒日以後天氣漸融流澌順軌臣已恭摺具報凌汛平穩在案嗣於拾貳月初玖日起漸見澄清至拾陸拾柒等日尤為清徹隨委員各處查驗於拾貳月貳拾柒貳拾玖等日據管河道廳具報

上自陝州下至虞城河清嘉瑞前来臣現駐河濱臘底新年屢為查閱果見河水湛然並無沙滓而且二旬之久千里之遠澄

明清徹一氣綿長父老歡呼靈異道途傳

頌嘉祥誠爲千古奇逢史册罕載者也伏
念我
皇上
誠格靈祇
德懷河岳源從天上奇徵孚洽
蒼穹水由地中異瑞彌昭清晏敷聲教於四海同
風之盛奠清寧於萬年有道之休所有徵
臣目覩河清盛事不勝踴躍歡忭容臣於
開印後繕本題報外理合恭摺奏
聞伏祈
睿鑒謹
奏

雖可慶之瑞朕實倍加懔畏我君臣當期
更其勉之

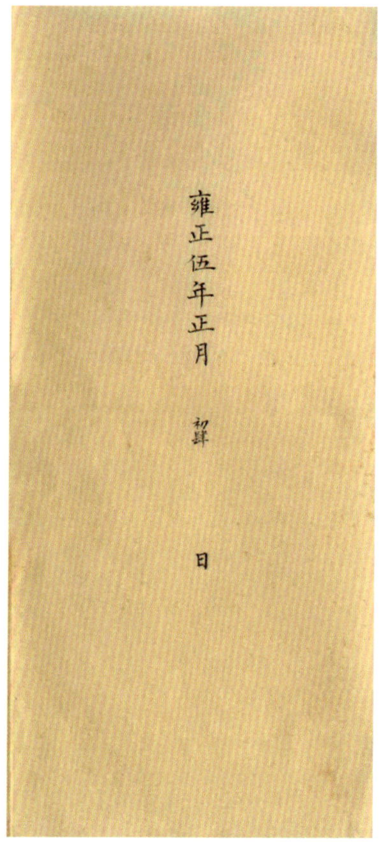

雍正伍年正月　初肆　日

三八

奏

兵部左侍郎河南副總河兼管山東黃河堤工臣嵇曾筠謹

奏為恭謝
天恩仰祈
睿鑒事雍正伍年正月初叄日臣於祥符縣北
岸工所准工部咨内開奉
旨近年豫省河務險工下移堤岸完固平穩山
東河務甚屬緊要向係山東巡撫管理但巡
撫有地方責任恐不能耑理河務山東與河
南接壤作何令副總河嵇曾筠兼管之處着
九卿會議具奏欽此欽遵該臣等會議得山
東與河南接壤皆黃河所經兩省堤工最
稱險要查河工事宜本係總河耑責今河

南既設有副總河現駐武陟等處與山東
接壤理應欽遵
諭旨將山東與河南接壤之曹縣定陶曹州單
縣城武等處附近黃河地方凡一切修築
堤岸等工應交副總河嵇曾筠就近管轄
等因奉
旨依議欽此移咨到臣隨恭設香案望
闕九叩祇承
諭旨恭謝
天恩訖竊臣一介菲材遭逢
聖主幸蒙
特達之知非常之遇及至謬膺河務皆賴
聖謨指示
睿慮周詳而臣報稱無能愆尤叢積屢荷
聖慈弘闊恕宥曲予矜全臣身邀怙冒之
深仁心凜誨詳之
訓誡方深惕勵悚惶洊蒙我
皇上新恩特沛委任有加臣聞

命之下感激難名捫心嗚咽惟有益加奮勉殫竭駑駘冀報涓埃伏念河防緊要東省曹單等縣黄河尤為逼近運河攸關匪細臣荷

恩高厚豫工既不敢少懈修防而東工更不敢因循貽悮趁此桃汛以前亟宜加意修守一面將豫省南岸委管河道祝兆鵬北岸委主事朱藻令其分投逐工清查埽料沿堤催督兵夫種柳積土臣即於正月初柒日前往山東查勘黄河堤埽工程其修防措置事宜容臣另摺恭請

訓示遵行所有微臣仰荷

新綸蟻忱感激除開印繕本奏

謝外理合具摺恭謝

天恩伏祈

睿鑒謹

奏

知道了竭力勉為之太上言忘其身而身存

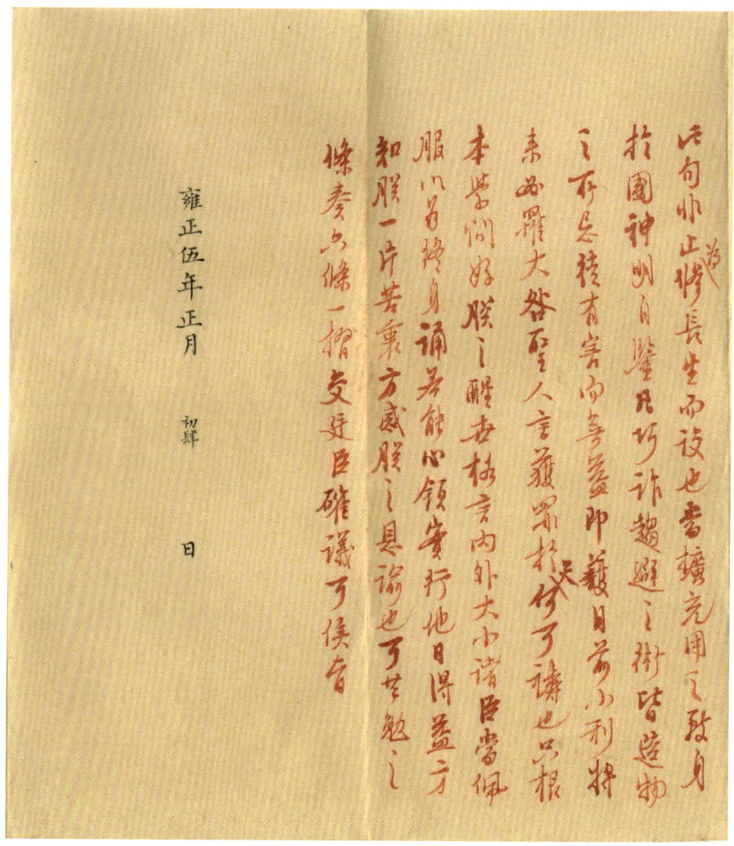

此句非止為修長生而設也，當擴充用之，致身於國，神明自鑒。凡巧詐趨避之術，皆造物之所忌，積有害而無益，即獲目前小利，將來必罹大咎。聖人言獲罪於天，無可禱也。只根本學問好，朕之醒世枝言，內外大小諸臣當佩服以為終身誦，若能心領實行，他日得益，方知朕一片苦衷，方感朕之具諭也。可共勉之。

條奏六條一摺，交廷臣確議，可候旨。

雍正伍年正月　初肆　日

三九

奏

蘇州巡撫臣陳時夏謹

奏爲黄河澄清敬伸慶

賀事欽惟我

皇上

至德覃敷

仁心丕冐

神功聖治亘千古之精微敬

天勤民垂萬代之法守是以

天心感應所在河嶽効靈竊照雍正伍年正月初叁

日據署淮揚道淮安府知府劉之瑣稟稱徐屬

黄河上自虞城下至邳州於拾貳月拾陸日澄

清宿虹一帶上自邳睢下至古城又桃源所屬

一帶黃河俱於拾柒日澄清上下並無濁流勢
與湖水無異直至貳拾叁肆等日尚係澄清士
民無不稱瑞實屬千古奇逢等情到臣除飭行
該地方官將此後澄清月日另報到日再行具
奏外伏念史册所載間或有聞經書所稱亦不多
觀從未聞有綿遠陸百餘里澄清閱柒捌日而
歷久愈清安瀾如練如
今日之盛者也此誠成平而後未有之奇逢實自
開闢以來僅見之
上瑞率土頌
一人之有慶普天祝
萬壽以無疆臣躬逢
盛世欣睹
殊祥倍深
雲日之誠永戴
聖人之慶容俟聞仰後恭疏
題賀外臣謹具摺
奏

聞

雍正伍年正月初拾日

自龍門底柱起至古城桃源已二千餘里，自十二月初九日清起至正月初八。張元懷奏到，孫者黃河問聞，青色則將月矣，豈止六百里七八日而已。朕荷上蒼、皇考昭示，此希有之祥，實慚懼敬惕之心，筆不能諭。已頒有諭旨，你自然得知道。

四〇

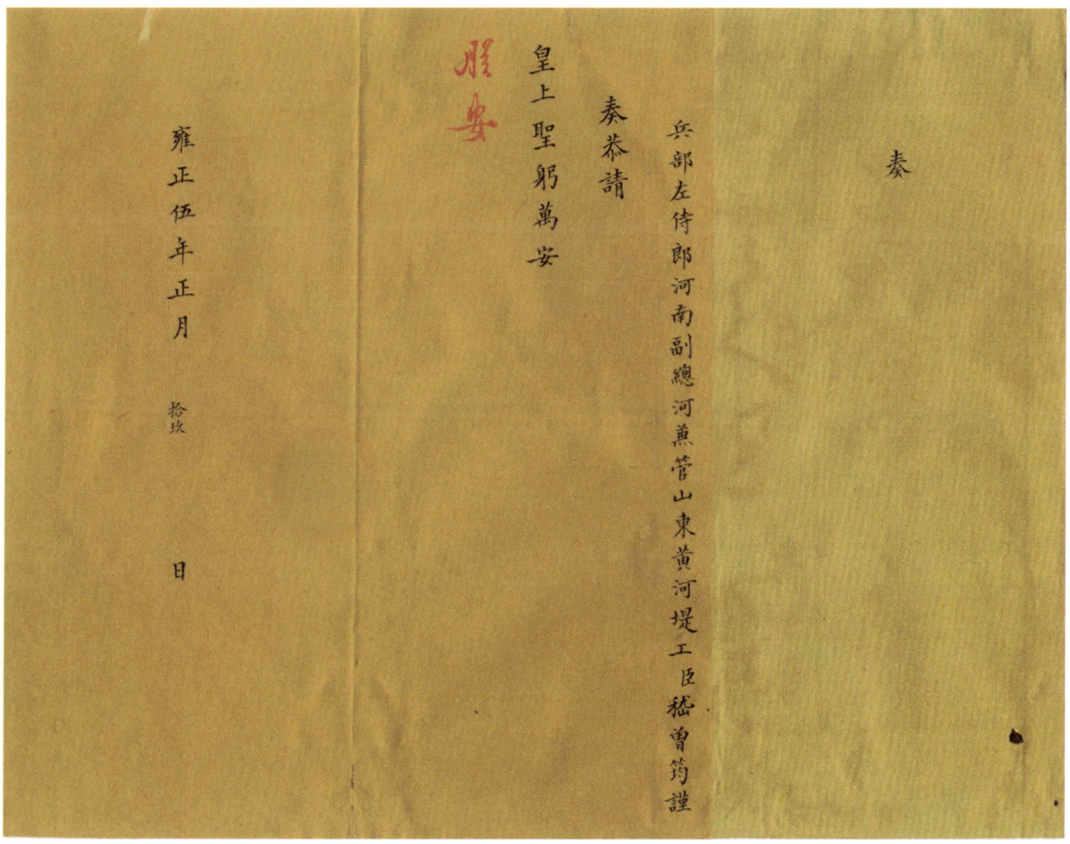

奏

兵部左侍郎河南副總河兼管山東黃河堤工臣嵇曾筠謹

奏恭請

皇上聖躬萬安

朕安

雍正伍年正月拾玖日

四一

奏

兵部左侍郎河南副總河兼管山東黃河堤工臣嵇曾筠謹

奏爲清查東省黃河額夫工食之積弊仰請

聖裁杜虛冒以收實效事竊查東省黃河廳屬

之曹州曹縣單縣金鄉定陶城武等陸州

縣額設猺夫壹千叁百零捌名每歲拾貳

個月共工食銀壹萬伍千陸百玖拾陸兩

彙解黃河廳轉給各州縣爲幇堤之用定

制相沿其来已久嗣後將正拾壹拾貳叁

個月共工食銀叁千玖百貳拾肆兩撥解

運河廳庫其黃河廳止解自貳月至拾月

玖個月共工食銀壹萬壹千柒百柒拾貳

兩向例每歲額定加土拾壹萬柒千柒百

貳拾方年終造冊報部銷筭此外又有幇
貼徭夫銀錢合計陸州縣共幇貼銀柒千
貳百壹拾柒兩捌錢壹分查工食一項按
銀計土立法已屬不善而幇貼銀錢尤屬
有名無實半係印河各官之陋規半係胥
役甲長之侵蝕據兖州府黄河同知陳世
奇開報前来與臣訪聞無異臣未經任事
之先河臣齊蘇勒現在飭令兖寧道清釐
查議但除弊務絶其根而課工貴核其實
伏查加幇工程必先將舊堤頂底高寛若
干共計舊土若干量估明確然後將加至
頂底高寛若干應用新土若干應給方價
若干一一分晰估筭方無浮冒況堤工段
落各有長短之不齊土方因之增減而取
土又有難易之不同給價遂有多寡今按
銀計土斷不能歲歲相同若不計短長不
論難易不分新舊懸定土方以符銀數每
歲加增如出一轍其中豈無牽混且錢糧

款項理應畫一各歸各款庶日後便於奏銷令以黄河廳屬徭夫之工食而撥入運河廳庫月稽年考零星割裂會計不全一款而銷亦非釐剔之良法請自雍正伍年為始將黄河廳屬之全年工食并幇貼銀兩飭令各該州縣彚解該廳轉交曹縣貯庫如遇堤工有應行加幇之處按段確估舊堤高寛若干加至高寛若干除舊土若干應加新土若干旱工每方給銀玖分陸厘水工每方給銀壹錢肆分肆厘水旱攸分方價又可節省每年遴選廳印汛効力各官分段修築務期堅固如式以資抵禦倘有丈尺短少及潦草虚鬆等弊將承修官指名題叅從重治罪年終統筭共加過新土若干共用銀若干仍照舊例報部核銷倘工程平穩有可停修之處即將存剩銀兩留為下年加幇之用其各州縣額解銀兩有能於叁月内全完者照徵解河銀

之例准予紀録一次其有任意遲延以致
玩悞工程者飭令該道廳據實揭報題叅
以違悞軍需例治罪如此則上不侵帑下
不冒工堤土尺寸皆有着落錢糧絲毫皆
歸實用而夫役總甲壘吏奸胥不得上下
其手矣再查曹單城武叁縣額設鋪夫壹
百肆拾柒名又曹縣歸併河南考城縣北
岸堡夫玖拾名曹縣鋪夫每名每月給銀
叁錢伍分城武單縣鋪夫每名每月給銀
伍錢捌分有零曹縣歸併考城堡夫每名
每月給銀叁錢多寡甚屬不均應請將多
者量減少者量增照豫省之例每名每月
給銀伍錢仍照舊於各該衙門支給則廪
餼均而人自樂於趨事其堤長工險夫役
稀少不敷修守之處亦應酌量增添又沿
堤舊存堡房年久坍塌風雨不蔽且相隔
寫遠呼應不靈應請照豫省之例每堤長
貳里搭蓋堡房壹座每座給工料銀叁兩

通長估筭共盖堡房若干用銀若干俱於
前項傜夫工食内撥給該縣領辦修造仍
將堡夫舖夫按堡均派畫段分守則防衛
密而險汛可以無虞臣從清覈錢糧保守
工程起見據實陳
奏是否允協仰祈
皇上聖裁指示遵行臣謹
奏

該部議

雍正伍年正月　　拾玖　　日

四二

奏

兵部左侍郎河南副總河兼管山東黄河堤工臣嵇曾筠謹

奏為敬陳東省黄河堤埽工程事宜仰請

聖訓以固修防事竊臣奉

命兼管山東黄河工程遵於雍正伍年正月初柒日輕騎減從自豫省之儀封交界起至江南之碭山交界止將東省曹單貳縣堤埽工程細加踏勘查得北岸曹單貳縣境内共計堤長肆萬壹千肆百丈南岸曹縣境内共計堤長柒百伍拾柒丈而北岸之堤密邇運道所關尤重今内外俱有重堤復有越格等堤包護周密立法綦善但臨河縷堤歷年久遠每多殘缺卑薄應擇其

險要審其緩急以次加幫修守不懈自足
以資鞏固惟曹縣北岸之芝蔴庄一工勢
當黄河大溜每遇汛水長發全黄直射水
深叁丈肆伍尺不等洪濤巨浪撞激堪虞
查該工已於雍正叁年河臣齊蘇勒於詳
請發帑等事案内掺下順埽壹百柒拾貳
丈伍尺復於雍正肆年請開引河等事案
内加添魚鱗護埽壹百捌拾伍丈并於上
流建築挑水壩壹座又題明撥調江南河
營汛弁帶領河兵貳百名駐工防守其所
以捍衛大堤敵黄保運者法亦盡矣但修
工全資料物而辦料貴在先時必於秋冬
汲成之後廣為採買儹運到工庶免臨事
周章今該工堆貯物料寥寥無幾時已交
春豈容延緩臣查魚鱗護埽係曹縣知縣
徐文燦承修尚在保固限内至本年肆月
徐文燦之獲罪事小埽工之干係甚大非排去
初貳日方得滿限例應該縣備料加修至
姑息之事也物料既不全備所司何事先前該
順埽壹百柒拾貳丈伍尺久經限滿理應

上司好好不查察意緒皆容不得謝不得

歸入歲修動帑辦料修防若不預行購辦

好好先生只要搓工多事少有諉處謝責你

貯工應用將来青黄不接恐至貽悞工程

違矣

運道民生關係匪小臣一面嚴飭該縣飛

儹各料星夜運工加謹保固外仍一面移

咨河臣齊蘇勒會稿

題請歲修并飭令山東布政司速即酌發帑

銀交給該地方官辦運料物以為防守伏

尚業之

秋之用統於霜降後核實

題估彚入該年歲修案内報銷此外倘有應

行下埽并鑲下防風之處容臣臨時相度

形勢斟酌機宜分别輕重按段增修庶捍

禦有資而要工之修防無悞抑臣更有請

者督撫出境回署例應

題報日期今豫省險工無如儀封之三家庄

東省險工無如曹縣之芝蔴庄兩工相距

不及貳拾里臣擬駐劄適中處所朝往夕

還兩頭策應合無仰懇

聖慈嗣後臣来往豫東兩省工次免其

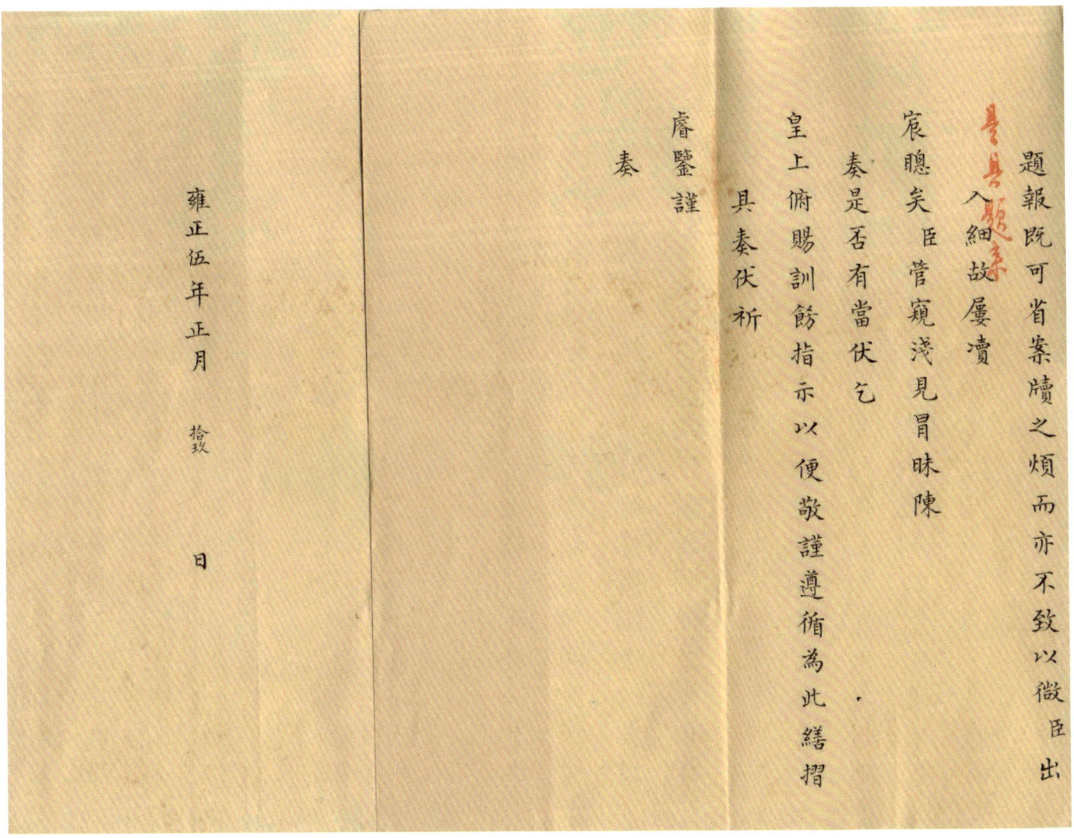

題報既可省案牘之煩而亦不致以微臣出入細故屢瀆宸聰矣臣管窺淺見冒昧陳奏是否有當伏乞皇上俯賜訓飭指示以便敬謹遵循為此繕摺具奏伏祈睿鑒謹奏

是具題來

雍正伍年正月拾玖日

四三

奏

兵部左侍郎河南副總河兼管山東黄河堤工臣嵇曾筠謹

奏為恭謝

天恩事雍正伍年正月貳拾日臣於祥符縣北

岸工所齎摺家人敬捧

皇上恩賜

御書魏徵上太宗十思疏全幅到臣隨恭設香

案望

闕叩頭謝

恩祗領訖欽惟我

皇上

德配堯文

功恢禹迹

廣採昌言恒闢門而籲俊
誕敷治道每設鐸以懸鞀固已媲美軒岐比
隆姚姒矣乃安益期安
聖不自聖統承精一猶羅經術於陳編世躋中
和尚取嘉謀於奏議於是
萬機偶暇披簡牘以達聰十思効忠灑
天章而昭示
銀鈎鐵畫如瑞鶴之摩空
垂露懸針共翔鸞而曜彩非特唐臣厚幸得
邀
眷注於毫端益徵
聖德日新用當箴銘於座右臣敬承
至寶奚啻弘璧天球恭捧
宸章遠勝丹書蒼籙凛
天威於咫尺時時念切寅清瞻
聖藻於萬年世世
恩榮湛露為此繕摺恭謝
天恩伏祈

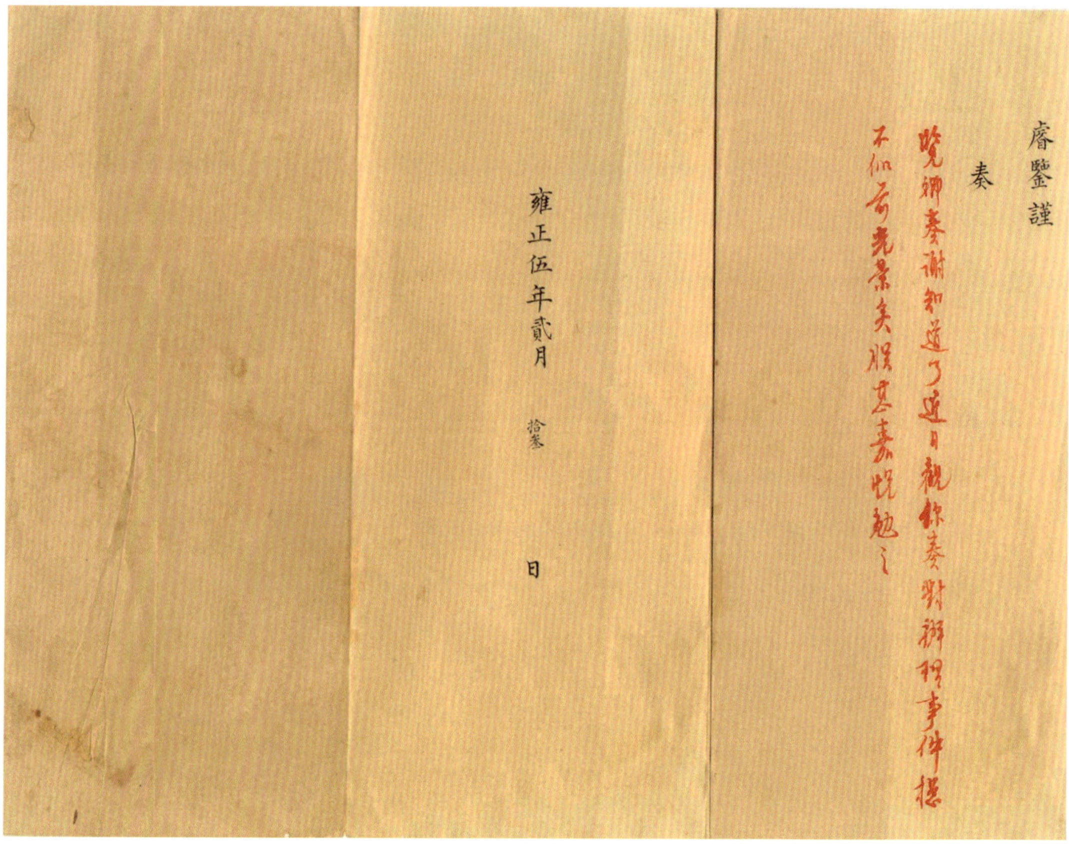

睿鑒謹

奏

覽卿奏謝知道了近日覩你奏對辦理事件揔不似前光景矣朕甚嘉悅勉之

雍正伍年貳月拾叁日

四四

奏

兵部左侍郎河南副總河兼管山東黃河堤工臣嵇曾筠謹

奏恭請

皇上聖躬萬安

朕安

雍正伍年貳月拾叁日

四五

奏

兵部左侍郎河南副總河兼管山東黄河堤工臣嵇曾筠謹

奏爲欽奉

上諭事竊臣奉

命兼管山東黄河工程已於正月初柒日前赴

東省查閱堤工至曹縣芝麻庄見埽壩工

程正需修理而所存料物甚少惟恐遲延

貽悮隨一面嚴飭曹縣知縣徐文燦星速

趲辦以防桃汛一面會稿

題請歲修并檄行布政司酌撥銀陸千兩交

給該地方官購備料物以防伏秋業經

奏明在案蒙

皇上訓諭嚴切隨即欽遵飛飭廳縣等官星夜

上緊辦運倘稍有玩延即行嚴叅令臣由
南岸查工渡河而北於貳月初玖日復至
芝麻庄查袜稭草束各料俱已運貯堤頂
臣隨令江南河營千把總并該汛員開工
整理舊埽按法加鑲簽樁壓土務須十分
堅固以資抵禦是桃汛之修防定可無悞
矣其伏秋兩汛應需料物亦必於此時及
早辦貯免致青黃不接臨時掣肘雖藩庫
銀兩尚未移解前來臣已檄飭廳印各官
將大堤搖夫歲修銀兩先行通融購備俟
布政司銀兩解到給還俱不得藉端延緩
該員等現在竭力置辦臣復駐工嚴催上
緊預備以凛副
聖主軫念河防至意但工程錢糧俱係河道專
責今署兖寧道事登萊道徐德敏並不到
工查察亦未見具文詳請預備料物玩延
之咎已於請帑備料疏內附叅伏祈
睿鑒其餘各員如有始勤終怠者亦即據實叅

奏不敢姑容貽悞臣惟有恪遵
聖訓先事預圖務期工程鞏固有備無患至從
前動用過工料錢糧臣已移咨東省撫臣
查取檔案到日逐一按工細加察覈勘驗
實在力除浮冒俟清查明確另行具
奏所有該工現在趲備料物緣由理合據實
奏明恭慰
聖懷仰祈
睿照謹
奏

如此方是諸大臣果皆實心破顏秉公將積何憂
治天下之道惟一案在此得人何事不理天下大
治萬姓蒙福矣君一味好之先生將實玩法以邀
譽諸轉廣施賠誤圖容保養生民似此巧詐存
心勝天良負已靈當有何作孽將此以為寬仁造
福大謬矣且莫講天道報應即以情理觀之亦可
曉然明白矣推之人皆設身習所感不能覺醒耶
雍正伍年貳月拾叁日
但一覽此知得前廉恩不見之可笑也既爲大臣
應有當體一大字特諭

四六

該部速議具奏

奏

總督河道提督軍務臣齊蘇勒謹

奏爲救險於未然以節帑項以固河防事竊查黄河大溜頂衝以及埽灣之處驟遇河崖汕塌近至堤根勢甚危險者則用長樁大埽以禦其衝以護堤岸此大工也定例則動帑本

題估所費甚大爲力甚難一應工料非數萬金不能倘頂衝大溜未及汕至堤根河崖尚存數丈儘可先時搶救者乃河員不知預爲相機截救必待汕至堤根而始報險此歷來養癰貽患之習深可痛恨者也臣到任以來細看大溜頂衝

河崖汕塌皆因崖陡土鬆易於坍卸之故臣因
暁諭河員遇有此項坍工離堤稍遠尚可截救
者當即試令多僱人夫廣用鍬鍬將臨河陡崖
受衝之處盡行切成斜坡以免坍卸之患復令
伐取密葉大柳懸於坡上以攩其溜之汕刷以
緩其力之猛烈頃見大溜漸漸移歸中泓而嫩
枝密葉之上皆掛泥帶垢不日久而淤成沙
灘於是大工無庸興作危險得以轉安計其所
費繩柳人夫等項至多不過伍陸百金較之樁
埽大工所省不啻倍蓰臣前於山東單縣蓋家
樓及江南桃源徐昇壩等處用此切坡之法俱
經試有效驗每常以之指示河員欲其廣爲試
用但因河工開銷從無切坡掛柳之例廳汛員
弁不無懼其賠墊畏縮不前是何異於束手候
險坐以待患也臣思此項切坡錢糧每年所用

有限而節省裨益之處甚多應

請嗣後准令入於搶修案内一併核實

題銷將見險工不致任其蔓延而

國帑永無糜費亦可爲河工之一助也臣未敢擅

便爲此具摺恭請

訓旨以便繕疏具

題伏乞

皇上睿鑒施行謹

奏

雍正伍年叁月　　㦸　　日

總督河道提督軍務臣齊蘇勒

四七

奏

雲南總督臣鄂爾泰謹

奏為恭逢

上聖慶覲殊祥事欽惟我

皇上

德參兩大

道合一清

兼聰明睿知之能念念必欽

天法

祖

綜激濁揚清之用事事皆主敬推誠惟其上下同

流諸祥于焉畢致亦且神人交洽百物為之呈

奇蓋自

御極以來時聞嘉徵屢告日月合璧五星連珠早識
天心之協應著草叢生嘉禾九穗更知
地祇之効靈若夫黄河之水千年一清史册所傳亘古
罕見者也臣謹按京房傳曰河水清天下平又
按易乾鑿度曰天降嘉應河水先清又按王子
年拾遺記曰黄河千年一清至聖之君以為大
瑞此皆論其理不能寔舉其事即隆盛之代間
或一見不過逾時逾刻之頃一州一邑之地今
閱邸鈔于雍正四年十二月十六日為始上自
河南下迄淮徐河水澄清地逾二千餘里期歷
二十餘日自古迄今曾未之前聞臣在萬里之
外聞茲上瑞懽忻之餘倍切感激葢河源發自
天上見于崑崙之山鍾于星宿之海入于龍門
積石之地遍于雍冀豫兖徐揚之間其源流為
最長其支派為最盛其性得中故黄流浩瀚其
蓄至厚故濁浪奔騰而欲求其清波澄澈輝映
千里勢必不能惟我
皇上聖聖相承知淵源之有本謙謙益著信德業之

彌光亦保亦臨時凜
上蒼之鑒致誠致慤常懷
聖祖之憑析理如日月常懸無微不燭鏡物似氷霜四
映何地弗瑩故瑞氣所覘遂現澄清之象而渣
滓盡去乃顯河伯之神此皆
皇上本其誠孝之符致此清明之驗臣等遭逢
聖世遘遇
鴻庥思登畔岸而未能惟切氷淵以自礪頋復荷
蒙
聖主巍巍不與蕩蕩難名用錫福于臣工大沛
恩于中外各加一級言嘉庶職之勛勷伏念
九重寶典群工之洗滌藉使黃河如帶惟期清白常
存乃知
聖德同
天正是太空不有益信
福如川至同頌九如竊願臣效華封申歌三祝誦
及河喬嶽欣聞百神之懷柔念維清緝熈仰紹
二祖之勲烈盖誠無不動憂勤即是嘉徵感而遂通徹

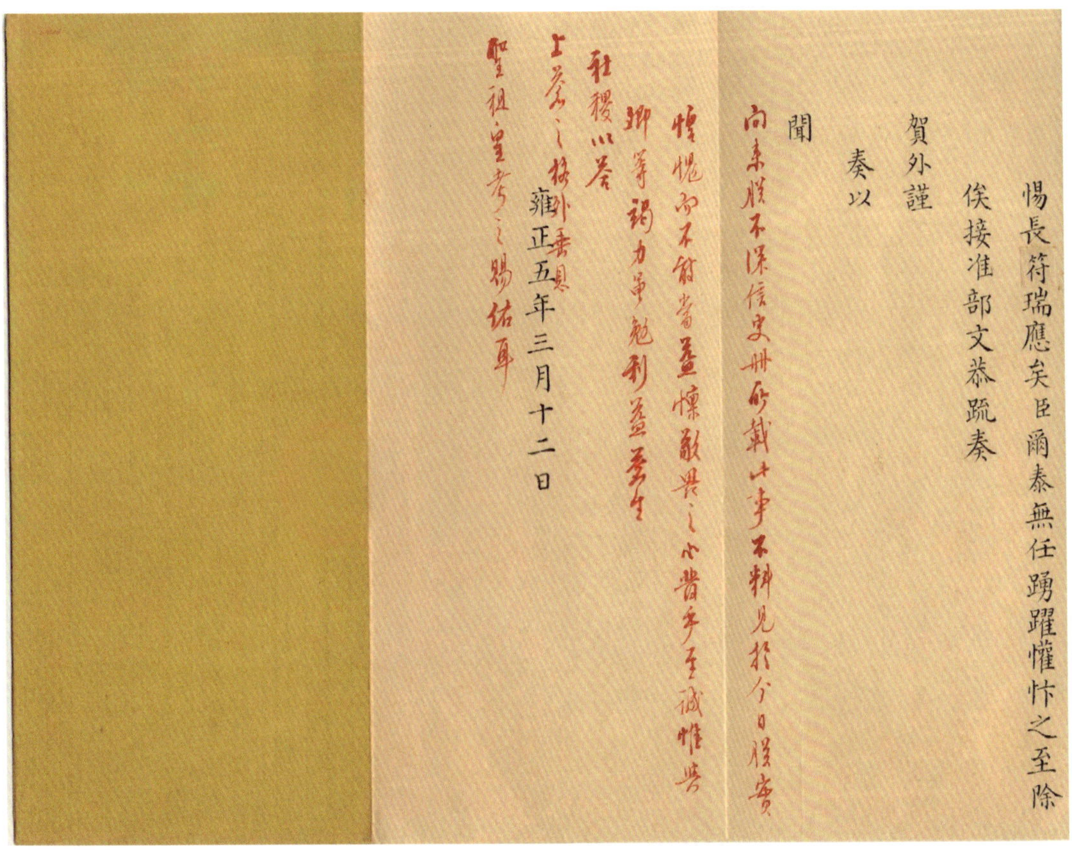
暢長符瑞應矣臣爾泰無任踴躍懽忭之至除
俟接准部文恭疏奏
賀外謹
奏以
聞
向來朕不深信史冊所載此事不料見於今日朕實
慚愧而不能當蓋懍敬畏之心皆本至誠惟冀
卿等竭力勉勵蓋爲
社稷以答
上蒼之格外垂恩
聖祖皇考之賜祐耳
雍正五年三月十二日

四八

奏

兵部左侍郎河南副總河兼管山東黃河堤工臣嵇曾筠謹
奏為恭報微臣前往武陟陪祭日期事竊臣
荷蒙
聖恩管理豫東兩省黃河堤工查濱河險要處
所如豫省之三家莊與東省之芝蔴莊界
連壤接臣駐劄適中可以兩頭策應當經
恭疏
題明在案今臣督率廳汛員弁業將貳處險
工簽下長椿大埽加鑲高厚堅固將来汛
水長發足資捍禦惟東省曹單貳縣臨河
大堤多有卑薄殘缺之處亟宜一律修整
向例額設歲修徭夫工食因係里長總甲

人等包攬充膺有名無實遂致土方每多
不足今臣分段行查逐一丈量飭令承修
各員將上年不足土方照數補完再行確
估本年歲修庶新土舊土俱得分晰明白
不致影射牽混究寧道傅澤洪已經到任
一面檄令勘估明確分别緩急造册到日
會疏具
題仍用裭夫銀兩另行募夫興修按方給價
則土方實在堤工得以加幫高厚臣現在
嚴行催儹次第辦理兹奉到禮部洛文致
祭
河神大臣擇吉於叁月初玖日起程閏叁月
初壹日丁巳拾貳日戊辰致祭
河神吉欽奉
俞旨遣官祭告仰見我
皇上奠安河岳懷柔百神之至意臣職司河務
理應敬慎恪恭肅將祀事擬於叁月拾玖
日起程前赴武陟縣

敕建嘉應觀陪侍
欽差大臣致祭
河神仍於順途查勘各處堤埽工程外所有
微臣前往武陟陪祭日期理合繕摺奏
聞伏祈
皇上睿鑒謹
奏

覽

雍正伍年叁月拾叁日

四九

奏

兵部左侍郎河南副總河兼管山東黄河堤工臣嵇曾筠謹

奏爲恭謝

天恩事雍正伍年貳月貳拾玖日臣於儀封縣

北岸工所齎摺家人敬捧

皇上恩賜克食到臣隨即跪迎恭設香案望

闕叩頭謝

恩祗領訖欽惟我

皇上

海涵坤厚

河潤汪流

澤沛陽春湛露遥敷於日下

恩霑内府珍饈遠賁於天中驚喜難名歡忭

曷既臣身羈職守心戀
闕廷侍從爐香曾飫天厨之法饌驅馳河畔每
思閬苑之瓊漿兹蒙
聖澤遐頒藕荷
君恩罔極膏酥味永雕鏤彩勝似連環餳果香
甘璀璨朱霞同拱璧
天邊捧至陽和一路氤氲雲裹迎来喜氣十分
蒸蔚寵邀
異數謹九頓以先嘗分潤餘波洽羣工而載拜
飲和食德砥節銘心寸草自慚愈感春暉
之難報傾葵彌切敬賡旭日之方升臣謹
繕摺恭謝
天恩伏祈
睿鑒謹
奏

覽卿奏謝知道了

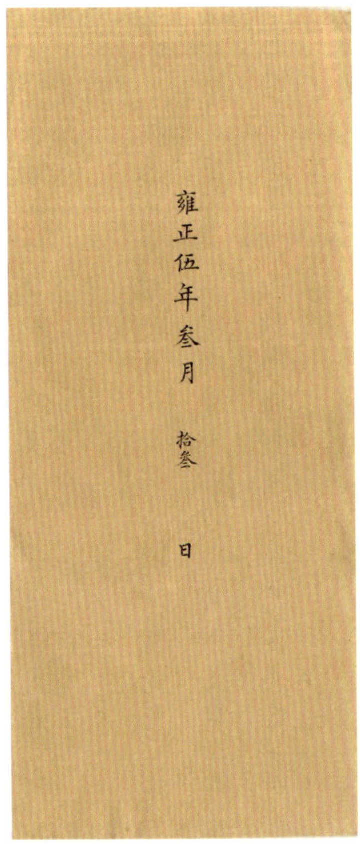
雍正伍年叁月拾叁日

五〇

奏

兵部左侍郎河南副總河兼管山東黃河堤工臣嵇曾筠謹

奏恭請

皇上聖躬萬安

朕安

雍正伍年叁月拾叁日

五一

奏

兵部左侍郎河南副總河兼管山東黃河堤工臣嵇曾筠謹

奏為欽奉

上諭恭謝

天恩事雍正伍年貳月貳拾玖日臣於儀封縣

北岸工次跪接

皇上御批臣奏請東省芝蔴莊辦料事宜奏摺

欽奉

硃批

旨如此方是諸大臣果肯實心破顏秉公朕復

何憂治天下之道惟一察吏如得人何事不

理天下大治萬姓蒙福矣若一味好好先生

姑容玩法以邀譽諸務廢弛貽害國家流毒

生民似此巧詐存心昧天良負已靈實謂作
孽將此以為寬仁造福大誤矣且莫講天道
報應即以情理窺之亦可昭然明白矣總之
人皆被世習所惑不能警醒耳但一覺始知
從前庸愚小見之可笑也既為大臣凡百當
務一大字特諭欽此竊臣樗櫟庸材荷蒙
皇上天恩拔擢卿貳委任河防涓埃未効報稱
無能清夜捫心每為感泣祇以河務重大
關係匪輕臣夙夜兢兢盡心學習而諳練
未深所以臨事徘徊愈增鈍拙蒙我
皇上知炳幾先慮周事後屢頒
訓諭誥誡詳明俾臣凜遵
聖訓黽竭駑駘四載以來得有今日皆沐
皇上之生成而教育自愧下愚質魯警覺偏遲
閱歷多年始知醒悔洊蒙
聖恩高厚即為鼓舞作新
諭臣如此方是則知微臣前此之愆尤叢積均
荷

天恩寬宥曲予矜全昆蟲草木日遊光化而不
知覆載之包容今跪讀
恩綸伏思
聖訓開示嚴明提撕諄切猛為警醒惶悚靡寧
感激無地臣何人斯膺茲
天語惟有殫盡血誠破顏察吏但求公事有益
不敢絲毫瞻顧恪遵
恩諭力去庸愚之小見勉効大臣之當務以仰
報
皇上洪慈於萬一耳臣謹繕摺恭謝
天恩伏祈
睿鑒謹
奏

朕亦非尚苛刻但得如卿等秉公執中不欺不隱
耳若少錯會則差千里矣

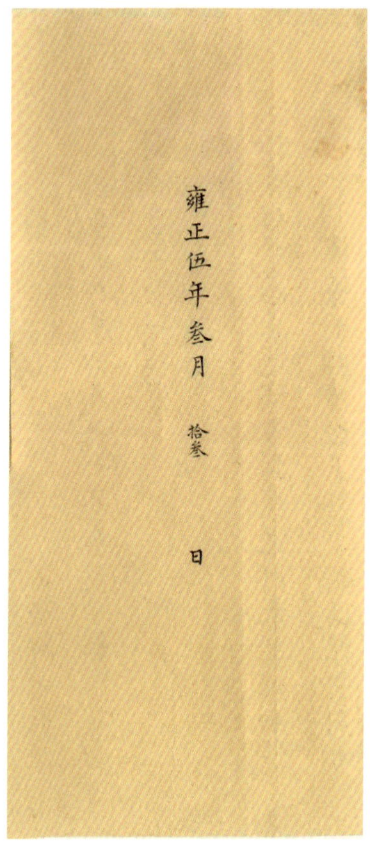
雍正伍年叁月拾叁日

五二

奏

臣阿克敦謹

奏雍正五年三月十一日奉到臣奏

聞肇慶七營一摺蒙

硃批

諭旨好朕甚嘉之你自到廣東以来署理兩任

一切奏章料理事件甚屬妥協若果言行相

符有何可講勉力為之都中内外安平新年

入春以来頗覺順遂如意特諭你喜歡欽此

欽遵臣跪讀之下不勝惶悚感激惟有勉

力仰副

聖訓以期言行相符圖報

皇恩于萬一再臣接閲邸抄知歲内十二月至

新春正月黃河澄清遠歷四省爲逾三旬
誠亘古未有之
上瑞皆我
皇上敬
天尊
祖大化翔洽之所致臣躬逢
盛世幸遇
嘉祥除特疏恭
賀外欣喜歡悅之情不能自已將見普天率
土共沐
聖主太平之福于永永矣所有奉到
硃批奏摺恭封呈
繳謹
奏

覽

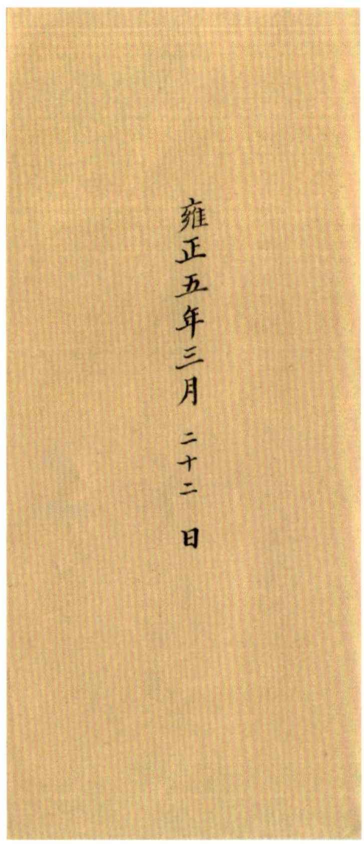
雍正五年三月 二十二 日

五三

奏

河南巡撫臣田文鏡謹

奏為桃汛已過工程平穩仰祈

睿鑒事竊臣查豫省黄河南北兩岸堤工埽壩

仰蒙

皇上聖謨睿筭指示周詳不惜百萬帑金連年

修築又蒙

皇上至誠格

天大孝法

祖及懷柔

河岳百神效靈是以澄清告瑞之後安瀾循

軌今桃汛已過一切堤工埽壩俱各平穩

通省臣民歡聲雷動但轉盼伏汛卽届臣

仍飭管河各官加謹修防外所有桃汛已
過工程平穩緣由理合繕摺具
奏上慰
聖懷伏祈
睿鑒爲此謹
奏

憂河之念較前稍輕矣但卿等不可作如是想

雍正伍年閏叁月初陸日 河南巡撫臣田文鏡

五四

奏

吏部右侍郎河南副總河兼管山東黄河堤工臣嵇曾筠謹
奏爲恭報微臣回汛日期仰祈
睿鑒事竊臣於叁月拾玖日自豫東交界駐劄
地方起程前赴武陟縣
勅建嘉應觀敬陪
欽差副都御史臣常泰致祭
河神當經繕摺奏
聞隨於閏叁月初壹日遵照典禮陪祭竣事時
濱河萬姓扶老携幼齊集觀瞻羣頌我
皇上聖德格天河清獻瑞今
特頒祭告洵從古未有之盛事莫不踴躍忻忭
懽聲載道臣即於初壹日自西而東沿河

查勘工程嚴飭兩岸廳汛各官督率兵夫
將一切埽壩防風鑲墊堅整其南岸祥符
縣程家寨蘭陽縣肆水口等處上年細勘
形勢因不便開濬引河急應酌增堤埽工
程已經確估一面會
題一面幇築預為保固至臣途次自閏叁月
初叁日起疊遇甘霖更喜雨勢舒徐大河
長水不驟而四野已極沾潤麥苗青郁居
深慰朕懷
民擊壤慶幸皆由我
皇上道合清寧功符位育所以雨暘時若普天
同慶臣隨從豫省復往山東細勘沿河曹
單貳縣堤工逐一審度險要處所切諭兗
寧道傅澤洪細加確估其應用錢糧另行
恭摺奏
請外臣謹於閏叁月拾伍日回至豫東交界
駐劄地方所有微臣回汛日期理合繕摺
奏
聞伏祈

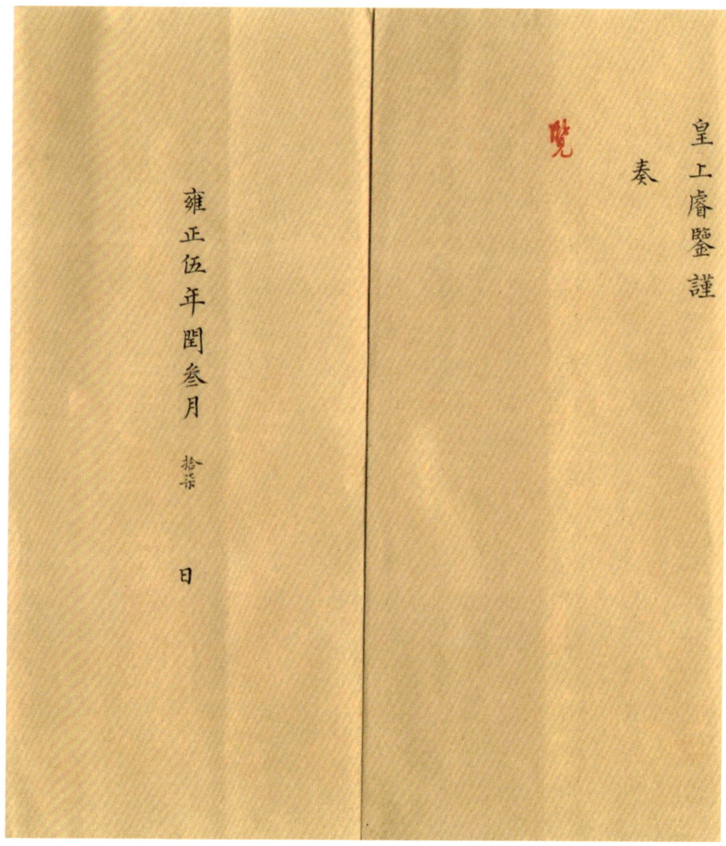
皇上睿鑒謹
奏
覽
雍正伍年閏叁月拾柒日

五五

奏

吏部右侍郎河南副總河兼管山東黃河堤工臣嵇曾筠謹

奏為請帑備料以保要工事雍正伍年叁月貳拾柒日准工部咨開議覆臣具

題山東芝蔴庄修守事宜并署兗寧道徐德俶玩愒工程一疏奉

旨依議速行徐德俶曾經有人在朕前保薦調來引見時朕看其才具甚屬平常發回原任今果被嵇曾筠參劾從前陳世倌曾奏請以開濬河道需用帑金貳拾萬之工程交委徐德俶管理似此無能之人而令其辦此大工陳世倌是何意見着陳世倌明白回奏徐德俶身任道員不肯實心辦理公事着革職發

與嵇曽筠處出資數萬金効力以示懲戒欽
此欽遵移咨到臣仰見我
皇上慎重河防察吏安民之至意臣即凛遵
諭旨備録部文移咨山東署撫臣塞楞額并嚴
檄行提徐德俶到工出資効力去後查東
省臨河大堤客通運道最關緊要近年以
来因險汛下移頂衝迎溜處所更加湍激
以致風浪撞擊堤工単薄殘缺堪虞亟應
將首險之處加幫高厚相機下埽鑲護防
風以資捍禦茲據兖寧道傳澤洪細加確
估造冊前来堤埽等工共需銀肆萬壹千
餘兩除曹州等陸州縣應徵解額設堡夫
工食并幫貼等項經臣具疏
題請議除堡夫虚冒改作加幫工費以收實
效聽候部議遵行外其餘不敷銀兩尚多
理應徐德俶出資効力照數承修但地方
官卸事新舊交盤例有兩月限期而堡夫
工食銀兩又係按月徵解一時不能濟急

令伏汛將屆難容遲緩臣不揣愚昧一面
會稿具
題一面檄行山東布政司庫內動撥帑銀肆
萬壹千餘兩移解兗寧道飭發廳汛等官
召募人夫乘時疾僨加幫鑲埽防護所有
撥發帑銀除將本年徭夫工食等項抵還
外餘俟徐德傚交盤清楚嚴提到工之日
勒限照數追還藩庫至次險堤工容臣陸
續估計
題明需用銀兩一并着落徐德傚捐修廢堤
工得資捍禦而修防諸事不至貽悮矣除
另行恭疏會
題外臣謹繕摺奏
聞伏祈
皇上睿鑒謹
奏
辦理甚屬得理應如是

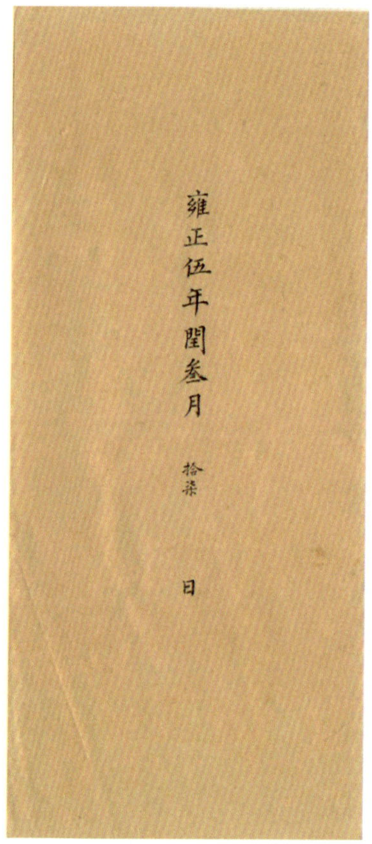
雍正伍年閏叁月拾柒日

五六

奏

吏部右侍郎河南副總河兼管山東黄河堤工臣嵇曾筠謹

奏爲恭謝

天恩事雍正伍年閏叁月初壹日臣於武陟縣

途次齎摺家人敬捧

皇上恩賜蓮心茶到臣隨即跪迎恭設香案望

闕叩頭謝

恩祗領訖欽惟我

皇上

湛露先春

恩波遠潤

殿廷蓂莢荷培植以呈祥

山澗菁英沐涵濡而挺秀遐方職貢清芬採

自丹崖
異數頻頒瑞穎來從碧漢五中啣感九頓抒誠
臣樗櫟庸材葑蒲陋質蔗漿杏酪昔邀
寵錫於彤廷芳餌膏酥昨荷
恩施於河畔乃屢蒙
宸眷叠沛陽和青蓮捧出
青霄色麗龍團鳳餅紫筍榮分
紫禁香逾顧渚蒙山注以溪流應洗心而滌
慮芳如蘭馥爰飛輿以清神敬分錫於同
官共欣嘗於異味想遠香之淨植砥節宜
先淪靈府之凡塵匪躬益勵感激時鏤心
版向榮彌切葵忱理合繕摺恭謝
天恩伏祈
睿鑒謹
奏

覽卿奏謝知道了

雍正伍年閏叁月拾柒日

五七

奏

吏部右侍郎河南副總河兼管山東黄河堤工臣嵇曾筠謹

奏為恭謝

天恩事雍正伍年肆月初陸日臣於儀封縣北

岸工所齎摺家人敬捧

皇上恩賜克食紅櫻桃乾葡萄糊條圈圓果乾

乳酥餅肆種到臣隨即跪迎恭設香案望

闕叩頭謝

恩祇領訖欽惟我

皇上

堯裳雲麗

舜瑟風薫

玉液恩流湛露偏濃於霄漢

金莖彩暎珠璣遠燦於華林萃連茹之芬芳
彙羣英之秀碩
寵頒疊被啣感靡涯臣食粟無能飲和有素蓮
茶香馥味已沁於丹心嘉果便蕃
恩更敷於紫禁珠丸磊落猶含藻井之輝瓊液
香甘尚帶蓬瀛之雨垂垂晶果凝成色勝
蘭膏郁郁甘酥琢就形同圭璧異品傳来
内製春華秋實齊芳奇珍
賜出黄封赤玉青絲並麗敬擕將母闔圖慶洽
家人分潤從官舞蹈歡騰河畔淪肌浹髓
欲頌難名念微臣供職兩河未有涓埃之
報荷
聖主榮施三錫屢加
高厚之仁肺腑銘鏤朢
雲天而九頓駑駘策勵祝清宴於萬年理合
繕摺恭謝
天恩伏祈
睿鑒謹

覽

奏

雍正伍年肆月拾捌日

五八

奏

吏部右侍郎河南副總河兼管山東黃河堤工臣嵇曾筠謹
奏為恭報水勢長發工程平穩仰慰
聖懷事竊豫省黃河南北兩岸堤工荷蒙
皇上睿謨指示發帑興修俱各加幫高厚即險
汛下移間有新生險工及零星殘缺之處
亦俱鑲護防風埽壩幫築戧堤月堤靡不
先事預防金甌無缺今於肆月初拾日起
至拾伍日止黃水漲發陡長伍尺有餘各
處堤工鞏固埽壩堅厚足資捍禦至東省
曹單貳縣濱河大堤臣已擇其至險之處
嚴飭廳汛各官先行修理其餘未經修築
之堤亦早安置人夫曉夜防守俱各保護

平穩皆由我

皇上訓諭周詳綢繆未雨所以安瀾永慶雖黄

流陡漲漫溢出漕而濱河億萬蒼生咸各

安居樂業老幼歡呼匝地今水勢已退漸

次消落歸漕臣現在督率廳汛文武員弁

加意巡查預防伏汛長發外所有黄水陡

漲工程平穩情形臣謹繕摺奏

聞仰慰

聖懷伏祈

皇上睿鑒謹

奏

聞說水面低岸面多者丈餘少亦七尺今皆五尺水何得出漕如水長五六尺即出漕猶爲可慮慎之謹之

雍正伍年肆月　拾捌　日

五九

奏

河南巡撫臣田文鏡謹

奏爲欽奉

聖訓據實覆

奏事竊臣於雍正伍年閏叁月貳拾肆日據

臣齋摺家人回豫捧到

皇上硃批臣恭報得雨日期入土霑足摺内欽

奉

聖諭深慰朕懷今春三月來風多朕甚以旱爲

憂但一二日風即帶微雨朕少不解初貳陸

柒雖有雨然不勝風力光景雨似不寬

上蒼慈恩初拾拾壹連數日大雨霑足朕恐怖之

心方釋山東巡撫亦奏得雨透足聞山西已

得雨霑足此二日雨光景寬遠朕甚幸之亦
爲卿等幸之欽此仰見我
皇上天心無時無刻不念切民瘼而
上蒼照臨之近與夫
聖祖在天之靈隨感而應甘霖普被霑沃寰區億
兆臣民無不共沐浴于和風甘雨之中鼓
舞于光天化日之下矣又于臣恭報桃汛
平穩摺内欽奉
聖訓憂河之念較前稍輕矣但卿等不可作如
此想欽此臣竊惟豫省黄河蒙
皇上大發帑金
睿謨指示長堤埽壩鞏若金湯又
至誠至敬感格
天心百靈效順既刷深數百尺復澄流數千里藉
以仰慰
聖懷臣惟將
皇上硃筆圈出加謹修防四字時刻銘心不敢
少存懈怠之心以仰報

覽

天恩于萬一耳又於臣覆
奏恭請分發候選州縣等事摺內欽奉
聖訓覽去留之道全賴卿等如月選之官非實
係老病之外便明視其人之不可用朕實不
便即不用一者恐人論朕以言貌用人不然
則擬朕爲有所聞二者此輩非科甲銓選即
急公捐助者朕亦不敢因一時一己之目力
而去之又實不忍以情理而論皆屬不通無
奈用來賴卿等以實據斟別也非推怨于汝
等勢之當然也所以用人一事未有難于此
者欽此仰見
皇上其難其慎之
天心於人情物理之間無不詳盡周至臣跪讀
聖訓不覺涕泗交頤尚敢不仰體
天心勤加察訪據實
奏請去留臣惟矢公矢慎以求是非之至當
而已嫌怨之私非臣所敢避也所有奉到
諭旨理合恭摺覆

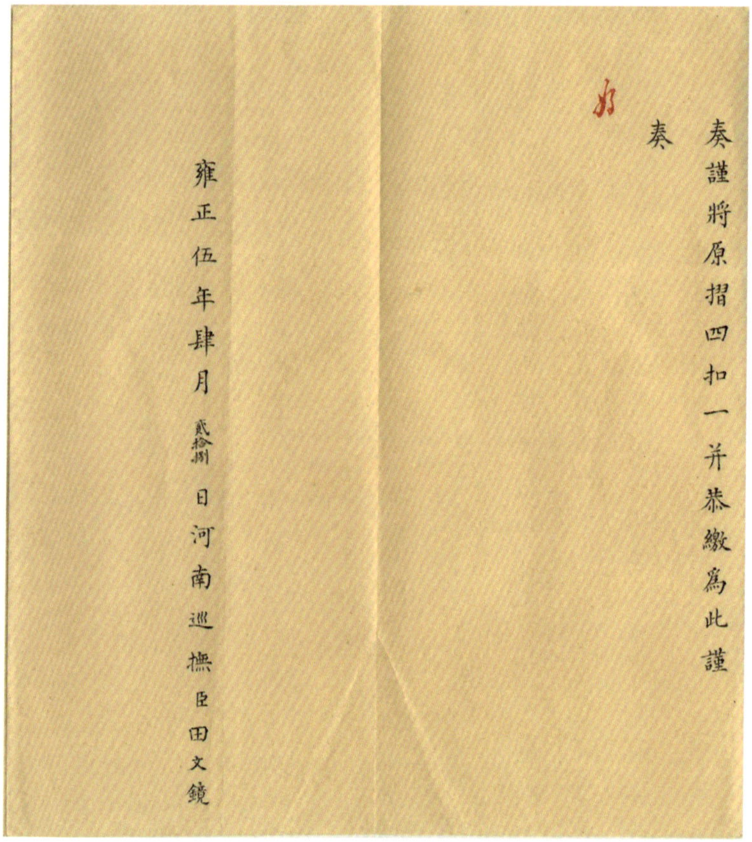

奏謹將原摺四扣一并恭繳爲此謹

奏

雍正伍年肆月貳拾捌日河南巡撫臣田文鏡

六〇

奏

吏部右侍郎河南副總河兼管山東黃河堤工臣嵇曾筠謹

奏為恭報水勢工程平穩情形仰祈

睿鑒事竊惟時將初伏汛水屆期我

皇上慎重河防屢頒

訓旨誥誡諄諄俾臣敬謹遵循先事預圖伏查

豫省南北兩岸應行修守之處臣已嚴飭

廳汛文武員弁督率兵夫鑲埽堅整足資

保護即蘭陽縣南岸之四水口等處雖係

新生險工目下亦經下埽簽樁添築魚鱗

月堤將次告竣其豫東兩省交界之三家

庄芝蔴庄埽壩工程俱各鑲護堅厚料物

齊備足供伏汛之用更喜近來水勢舒徐

旋長旋消上流無暴漲之虞下流無壅阻
之患一泓千里循軌遄行臣來往河堤目
擊情形不禁踴躍歡忭感頌我
皇上睿慮周詳機先遠見所以懷柔河岳胥慶
安瀾臣惟有益加謹慎竭力修防以祈鞏
固久遠也兹據兖寧道詳稱東省帑銀已
於拾陸日轉發曹縣貯庫以便就近給發
廳印等官承領興修查曹單貳縣臨河大
堤首險工程亟宜乘時儹築除一面檄飭
豫省管河道祝兆鵬河北道朱藻在黃河
南北兩岸分投巡察修守外臣即於拾玖
日親赴東省堤工嚴行催督務期修築高
寬堅實以資捍禦所有水勢工程平穩情
形臣謹繕摺恭報伏祈
皇上睿鑒謹
奏
而畢慎之慎之慎之

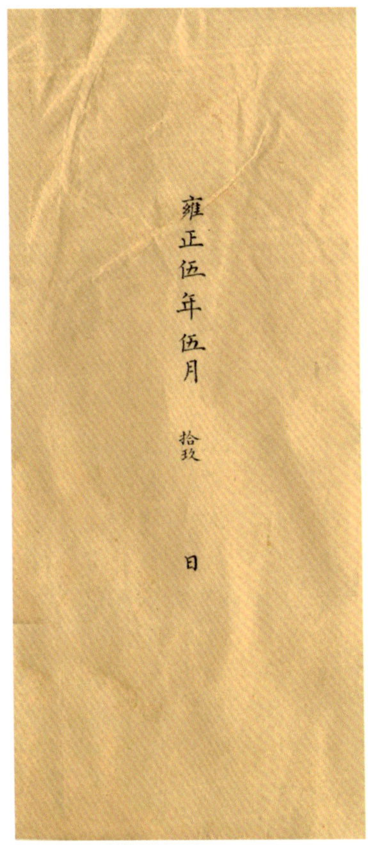

雍正伍年伍月拾玖日

六一

奏

吏部右侍郎河南副總河兼管山東黄河堤工臣嵇曾筠謹

奏為據實陳情仰祈

睿鑒事竊臣一介寒微謬膺重寄孤踪孑立屢

薄臨深荷蒙

皇上天恩罔極委用有加而微臣報稱為難仰

酬無地伏思不欺不隱

聖諭嚴明即使任勞任怨臣分當然其如痼弊

相仍習焉不察倏為釐剔轉覺不情以致

動輒招尤心難自剖不得不為瀝陳於

聖主之前也查臣於本年正月初叁日接准部

咨奉

命兼管山東黄河堤工隨即趨赴曹單貳縣地

方一面查勘堤埽工程一面諮訪河工利
弊見臨河大堤多有卑薄殘缺不能一律
高寬堅厚臣思豫省西岸堤工蒙我
皇上睿裁指示未雨綢繆增卑培薄以資捍禦
俱經修理完竣煥然改觀今東省堤工與
豫省接壤密邇運道呼吸相通尤爲緊要
未便因陋仍簡任其頹廢臣仰體
聖懷因比照豫省之例估計加幫增培高厚猶
恐廳汛各官勘估不實遴委諳練河員逐
段細加查丈又復待至叁月内新任兖寧
道傳澤洪到任檄飭親勘確估嚴加核減
造册具題請
旨興修欽遵在案至工程利弊據黄河同知陳
世奇開報傜夫陋規一項臣當將此項工
食幫貼等銀從前俱屬有名無實半係印
河各官之陋規半係胥役甲長之侵蝕請
嗣後查明堤工應行加幫之處即將工食
幫貼等銀先期題估修理等情恭疏具

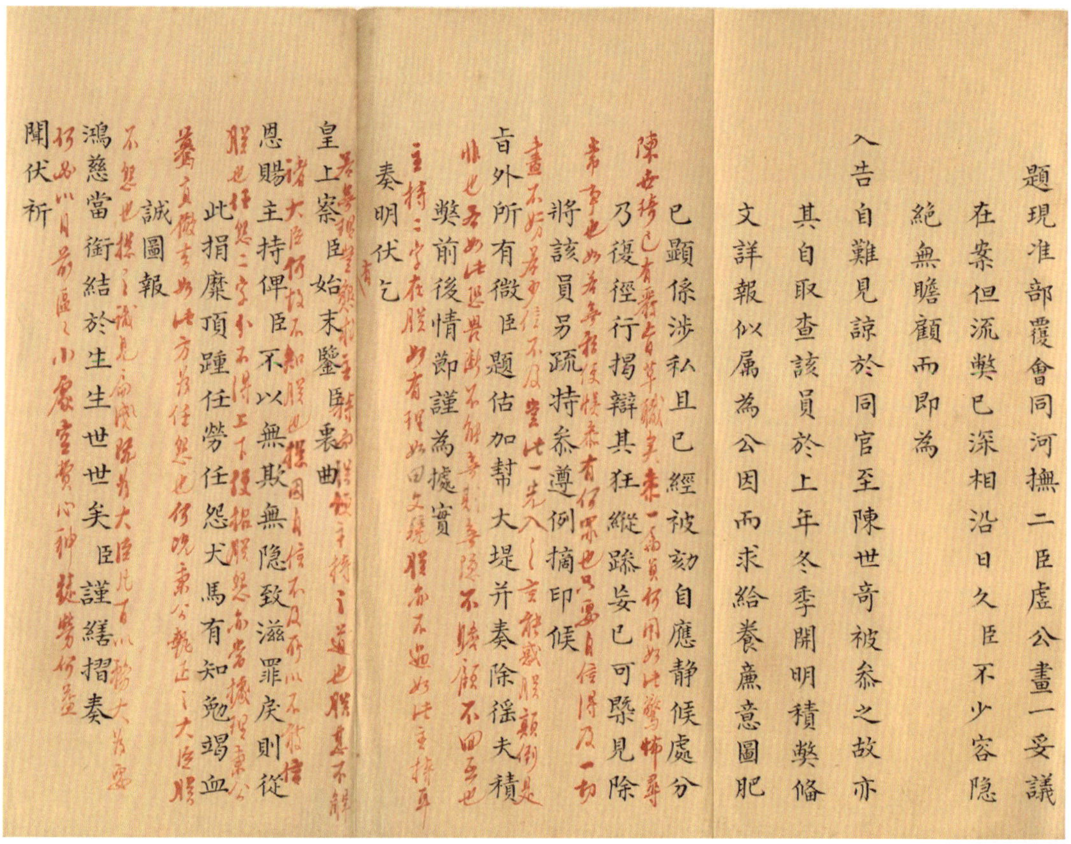
題現准部覆會同河撫二臣虛公畫一妥議
在案但流弊已深相沿日久臣不少容隱
絶無瞻顧而即為
入告自難見諒於同官至陳世奇被叅之故亦
其自取查該員於上年冬季開明積弊備
文詳報似屬為公因而求給養廉意圖肥
已顯係涉私且已經被劾自應靜候處分
乃復徑行揭辯其狂縱跡妄已可槩見除
將該員另疏特叅遵例摘印候
旨外所有微臣題估加幇大堤并奏除徭夫積
弊前後情節謹為據實
奏明伏乞
皇上察臣始末鑒臣衷曲
恩賜主持俾臣不以無欺無隱致滋罪戾則從
此捐糜頂踵任勞任怨犬馬有知勉竭血
誠圖報
鴻慈當銜結於生生世世矣臣謹繕摺奏
聞伏祈

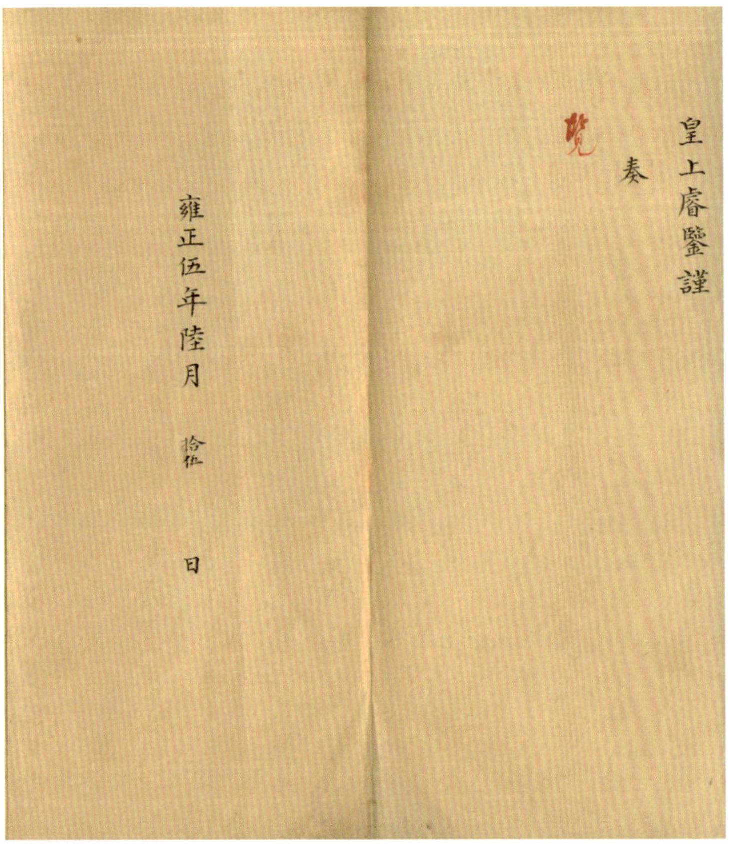
皇上睿鑒謹
奏
覽
雍正伍年陸月　拾伍　日

六二

奏

吏部右侍郎河南副總河兼管山東黄河堤工臣嵇曾筠謹

奏為伏汛將竣恭報水勢工程平穩仰慰

聖懷事竊照今年入伏以来陰雨連旬沁黄屢

漲水勢雖大所幸河底刷深實能容納旋

長旋消並無留滯壅阻一切堤埽工程盡

力修防俱極平穩皆仰賴我

皇上勤求治理誠格

蒼穹所以河伯効靈休徵畢集届兹伏汛盛長仍

復循漕順軌兩岸安寧臣往来豫東兩省

踏勘巡查嚴督道廳印汛文武員弁率領

兵夫住宿堤頭并多備料物晝夜防守以

資保護今伏汛將竣所有水勢工程平穩

情形除另行恭疏會
題外理合繕摺奏
聞仰慰
聖懷伏祈
皇上睿鑒謹
奏

只待秋汛平穩過後朕方放釋懷勉之慎之

雍正伍年陸月拾伍日

奏

河南巡撫臣田文鏡謹

奏爲恭報得雨日期暨汛水平穩情形仰慰

聖懷事竊臣伏查豫省自雍正伍年陸月初貳

日起至陸月拾陸日止所得雨澤業經臣

恭摺

奏

聞在案今據各屬報稱又於本年陸月拾柒貳

拾壹貳拾叁貳拾肆貳拾陸及柒月初貳

等日復得時雨自肆伍寸起至柒捌寸不

等高下地畝盡皆優渥霑足所種高糧穀

黍内有極蚤者已經現在收穫其餘亦郎

在於七月中旬均可收割至於晚穀晚黍

花荳稞糧等物亦無不暢茂堅實總計通
省可望拾分豐收士農工賈歡聲匝地皆
謳我
皇上聖敬日躋兆此
天庥臣職任封疆不勝歡忭凛惕之至再臣伏查
豫省黄河於本年陸月貳拾壹貳拾叁等
日報稱陸月貳拾貳拾壹等日長水自壹
貳尺起至肆伍尺不等雖間有出漕之處
然隨長隨即消落現今水勢安瀾河流循
軌一切工程俱各平穩臣仍恊同副河臣
嵇曾筠嚴飭管河各官率領兵夫住宿河
干無分風雨晝夜時刻加謹防護務保無
虞以祈仰慰
聖懷所有豫省雨澤汛水暨秋禾茂實情形理合
繕摺具
奏仰祈
聖鑒爲此謹
奏

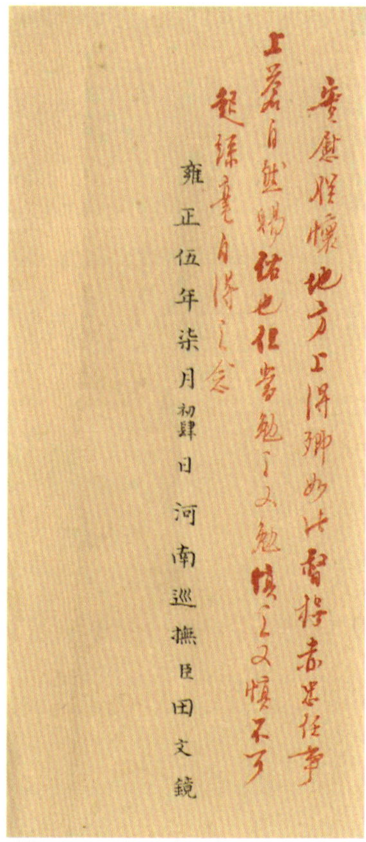
實慰朕懷地方上得卿如此督撫盡忠任事
上蒼自然賜佑也但當勉之又勉慎之又慎不可
起絲毫自滿之念

雍正伍年柒月初肆日　河南巡撫臣田文鏡

六四

奏

河南總督臣田文鏡謹

奏爲恭報秋雨日期暨汛水平穩情形仰祈

睿鑒事竊惟豫省今歲仰蒙

皇上至誠至敬感格

天心雨暘時若百穀豐收汛水安瀾河流循軌業

經臣節次恭摺

奏

聞在案臣查據各屬所報本年柒月以來秋雨

未免稍多臣恐陰多晴少秋禾受寒隨即

深自修省率屬虔禱荷蒙

皇上福庇自柒月貳拾伍日雨後豁然晴霽所

種秋禾早者俱各刈穫登場晒打收貯晚

者上晒下蒸現在結實遍野如雲户慶盈
寧民情歡悦臣得藉以仰慰
聖懷此皆我
皇上聖德之所廣被也再臣伏查豫省黄河自
陸月貳拾叁日起至今壹月有餘共長水
自伍陸寸起至肆尺壹貳寸止除長落相
抵外净長水叁尺貳叁寸不等隨長隨落
幸河身刷深並未出漕一切堤工埽壩俱
各平穏臣仍嚴飭管河各官加謹修防以
祈無負我
皇上天恩於萬一耳所有豫省秋雨晴霽暨汛
水平穏緣由理合繕摺具
奏仰祈
聖鑒爲此謹
奏

欣悦覽之

雍正伍年捌月初肆日河南總督臣田文鏡

六五

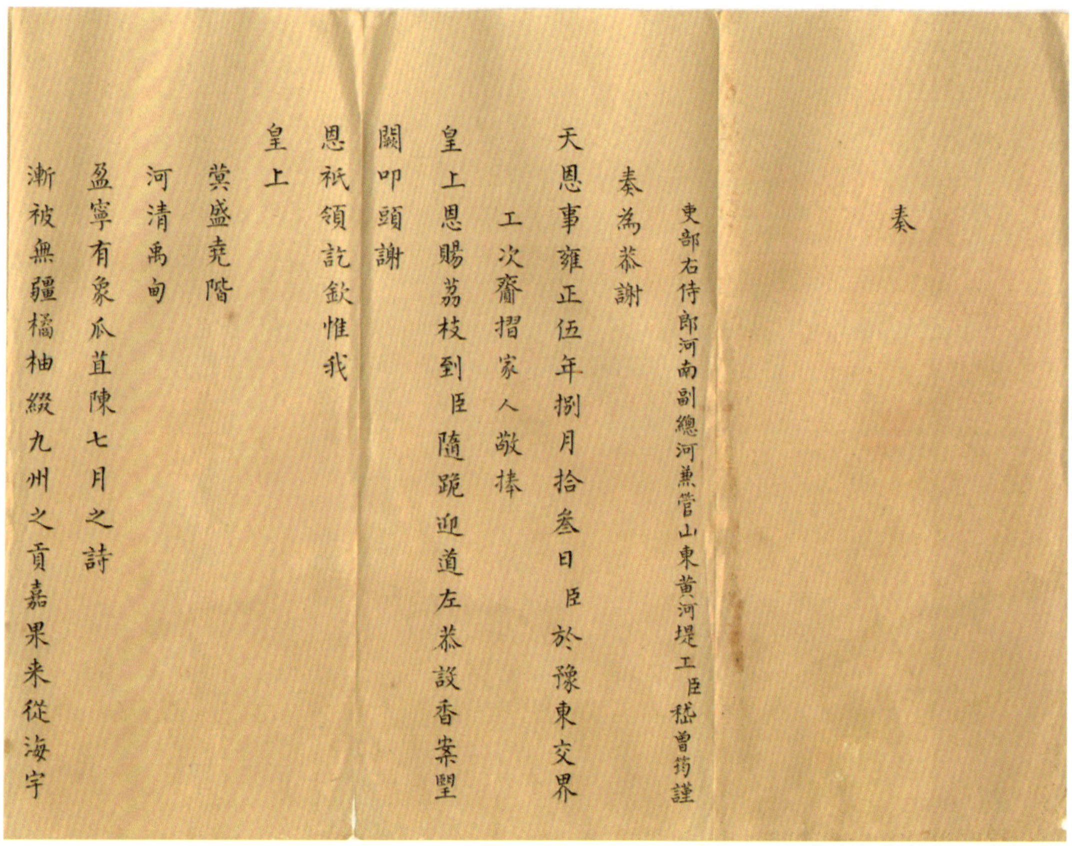
奏

吏部右侍郎河南副總河兼管山東黃河堤工臣嵇曾筠謹

奏為恭謝

天恩事雍正伍年捌月拾叁日臣於豫東交界

工次齎摺家人敬捧

皇上恩賜荔枝到臣隨跪迎道左恭設香案望

闕叩頭謝

恩祗領訖欽惟我

皇上

蓂盛堯階

河清禹甸

盈寧有象瓜苴陳七月之詩

漸被無疆橘柚綴九州之貢嘉果来從海宇

瓊漿
錫自雲霄臣自愧蓬生惟知葵向昔依
丹禁屢邀
晝接之榮近視黃流叠被
春温之詔乃宣防敉子敬紓
宵旰憂思而
恩與荔枝又戴雲霞
寵賜黃封未啟氣浥馨香紺理初披心昭精白
紫文帶雨沐膏澤於瀛池素質凝冰耀晶
瑩於璧月捧持拜舞恍若瞻
天饗飫芳甘宛同承露伏念微臣挈瓶至陋無
寸長小補之勞恭逢
聖主出震當陽正一日萬幾之會猶復不遺葑
菲遠沛
恩波即令勉竭駑駘難酬
高厚仰始終之
涵育感沁心脾圖報答於涓埃糜頂踵臣謹
繕摺恭謝

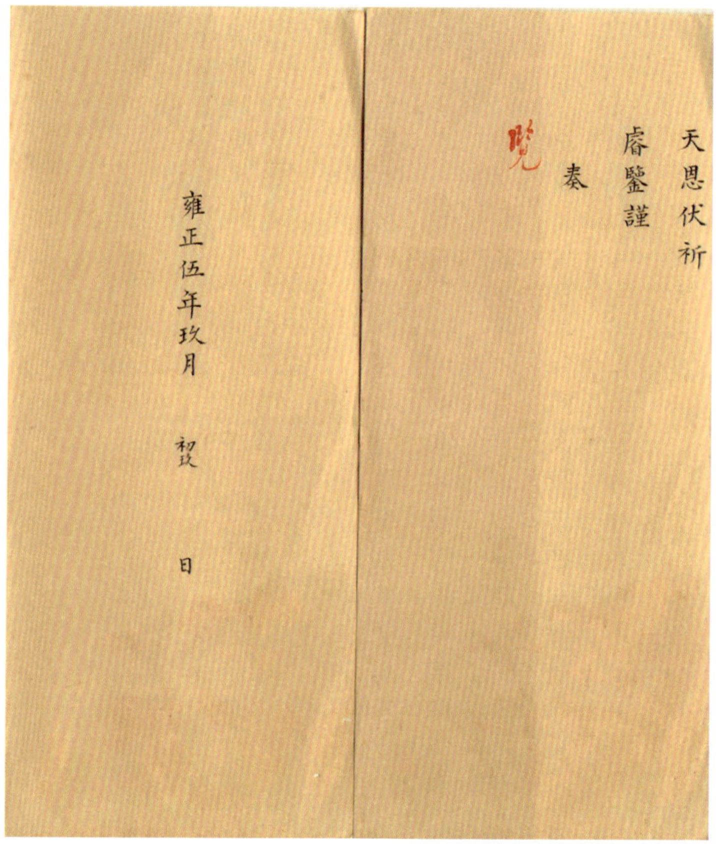

天恩伏祈

睿鑒謹

奏

覽

雍正伍年玖月　初玖　日

六六

奏

吏部右侍郎河南副總河兼管山東黃河堤工臣嵇曾筠謹

奏為秋汛已竣工程平穩仰祈

睿鑒事竊臣蒙

皇上天恩時加訓飭臣惟有竭盡駑駘奔走河干率屬修守以期鞏固伏查今歲秋汛雨水甚勤黃沁屢漲但水勢雖屬浩瀚而循途順軌不致為患每逢發水之時臣必親至堤埽險要工程遍加察勘見風色平靜水波不興我

皇上至誠至敬感格神祇明效大驗捷於影響是以兩岸安寧萬民有慶現今大堤月堤重重保障凡從前水佔拋荒地畝俱已耕

種成熟即近水灘地所有支河亦經築壩
堵塞水不能進淤地更獲豐收其窪下之
區間有上水者而黍穀業已長成水退仍
復有秋總緣河身刷深可以容蓄不致異
常瀰漫之故從兹逓年修守堤工固而禾
稼登豫省元氣可復仰賴
皇上宵旰焦勞多方補救是以
天心默契萬姓騰歡憶臣於雍正元年蒙
皇上恩命撫綏賑濟塞決築堤今猶是城池黎
庶頓覺氣象光昌千村萬井烟火相望築
場納稼鼓腹含哺所謂
聖人在上湛恩汪濊物靡不得也再查東省曹
單貳縣工程臣現在竭力嚴催其沿河一
帶村莊地畝因雨水匯積難於播種臣隨
飭廳印各官開放涵洞疏通水道引水歸
湖現今積水已消民間可以種麥在大堤
之旁水涸得土可以加幇公私俱便現今
天氣晴明曉夜攢工承修各員陸續報竣

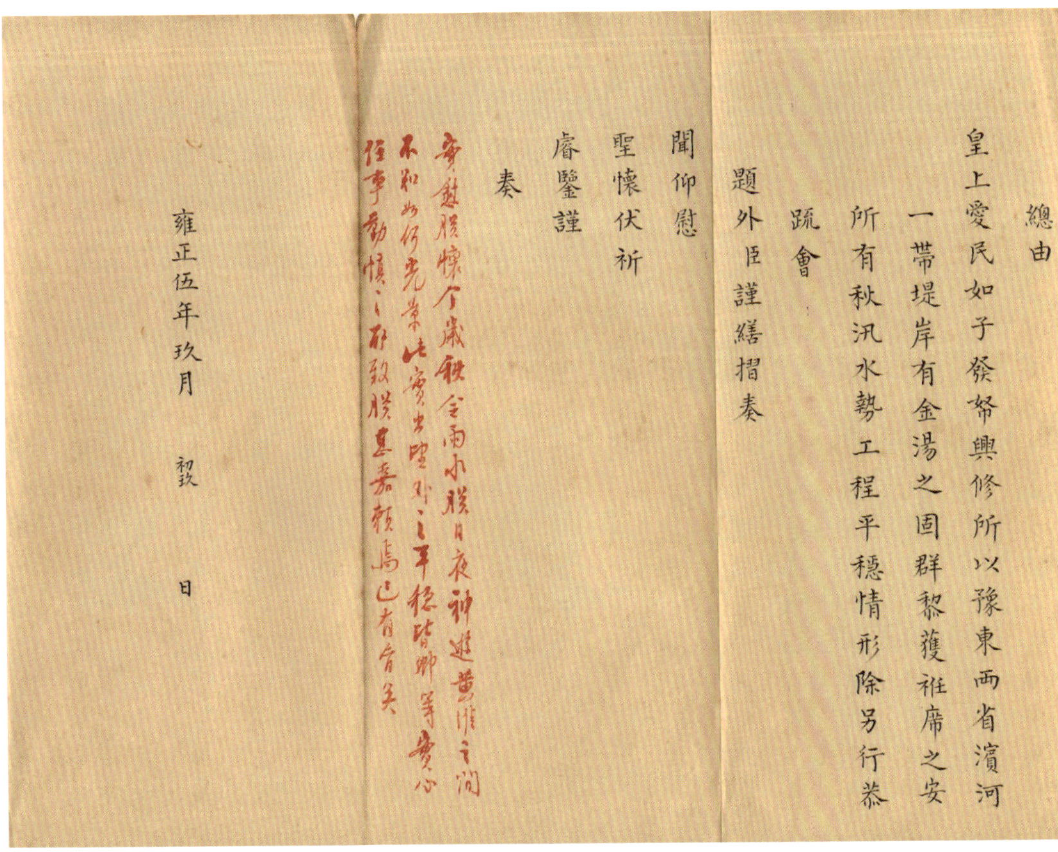

總由

皇上愛民如子發帑興修所以豫東兩省濱河一帶隄岸有金湯之固群黎獲袵席之安所有秋汛水勢工程平穩情形除另行恭

疏會

題外臣謹繕摺奏

聞仰慰

聖懷伏祈

睿鑒謹

奏

實慰朕懷今歲秋令雨水朕日夜神遊黃淮之間不知如何光景此實出望外之平穩皆卿等實心任事勤慎之所致朕甚嘉賴焉已有旨矣

雍正伍年玖月　初玖　日

六七

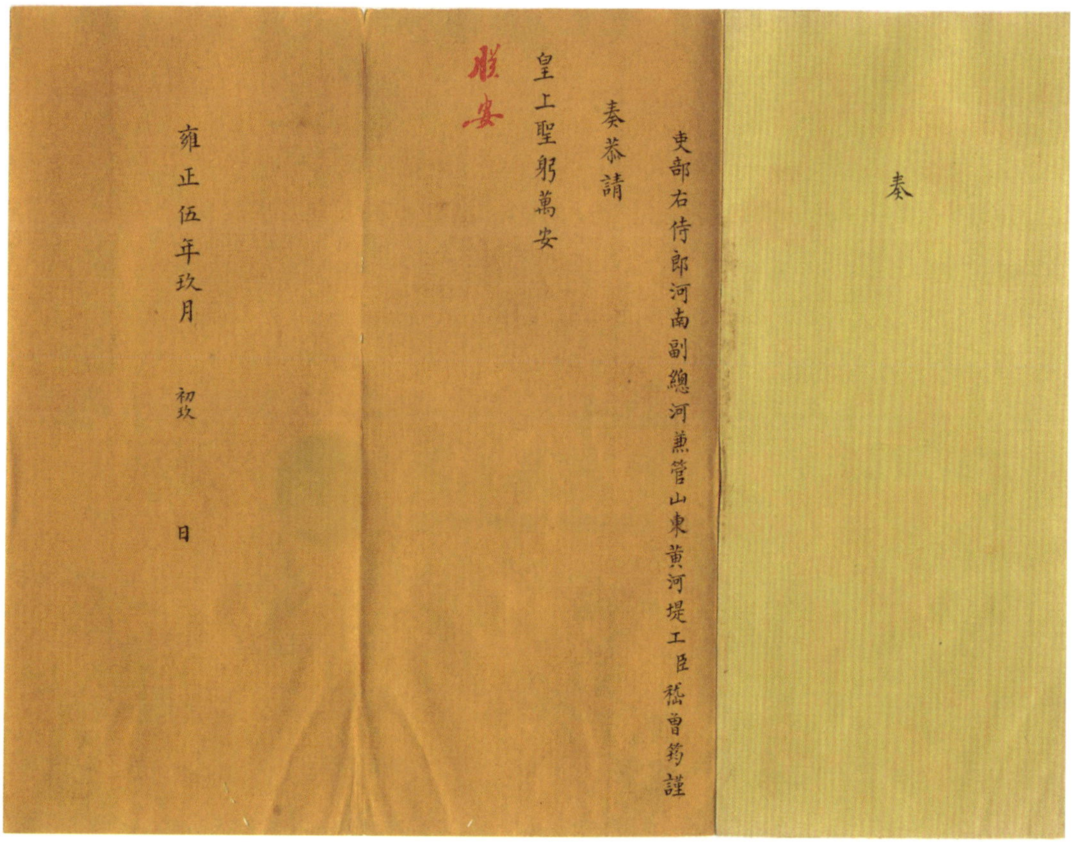

奏

吏部右侍郎河南副總河兼管山東黃河堤工臣嵇曾筠謹

奏恭請

皇上聖躬萬安

朕安

雍正伍年玖月　初玖　日

六八

奏

吏部右侍郎河南副總河兼管山東黄河堤工臣嵇曾筠謹

奏爲恭謝

天恩事雍正伍年捌月貳拾玖日臣於東省工

次督臣田文鏡差官恭齎

皇上恩賜

欽定詩經傳説彙纂全部到臣隨跪迎道左恭

設香案望

闕叩頭謝

恩祗領訖欽惟我

皇上

德至函三

風高紹五

酉山啟秘環禹甸以同文
乙夜研經會雎麟以致治化隆學海澤潤文
河臣腹笥無能面墻有愧起榮光於瑞露
曾叨
鳳藻之頒沐
化雨於崇霄新拜葩經之
賜麗三經以三緯朗如奎壁騰天布四氣於四
聲沛若江河行地千秋易學久推
聖祖御裁萬古詩傳更荷
皇衷欽定蓋
聖學原承家學璧合珠聯而
王言亦集群言金聲玉振是則
盛朝文治度越古初因之薄海風移胥歸正
始温柔敦厚本至性以盡倫奢儉貞淫祛
浮華以善俗謹三環而捧誦用什襲以緘
藏思本無邪守之勿斁訓子孫以報
國傳家幸有
賜書率儵屬以事

君靖職惟憑服古詠侖河之什慶久洽於安瀾

仰

聖澤之濡感實均於湛露臣謹繕摺恭謝

天恩伏祈

睿鑒謹

奏

具疏謝

雍正伍年玖月　初玖　日

六九

奏

河南總督臣田文鏡謹

奏爲欽奉

聖訓據實覆

奏事竊臣於雍正伍年玖月拾柒日臣齎摺

家人回豫捧到

皇上硃批臣恭報晴雨汛水摺内欽奉

諭旨以手加額欣幸覽之今歲全河暢流一年

未知河身又刷深多少矣隨便奏來欽此臣

伏查今歲全河暢流河身比上年更加刷

深臣時刻在念敢不亟爲

奏

聞上慰

聖懷但豫省黃河綿亘千里自當查驗確實何
敢冒昧入
告今查據上南河同知拖克拖海署上北河同
知陽武縣知縣鮑學沛所屬鄭州滎澤陽
武中牟四州縣河泓現今刷深自五六尺
起至一丈四五尺不等較之上年各州縣
河身更加刷深二三尺至一丈一二尺不
等下南河同知劉永錫下北河同知張近
光所屬祥符陳留蘭陽儀封四縣河泓現
今刷深自八九尺起至一丈三四尺不等
較之上年各縣河身更加刷深三四尺至
五六尺不等署歸河通判虞城縣知縣李
槼所屬考城商邱虞城三縣河泓現今刷
深自一丈四五尺起至二丈不等較之上
年各縣河身更加刷深六七尺至一丈三
四尺不等其各處最深處所竟有刷深至
三丈七八尺及四丈二三尺不等臣於本
年玖月貳拾日據管河道祝兆鵬稟報前

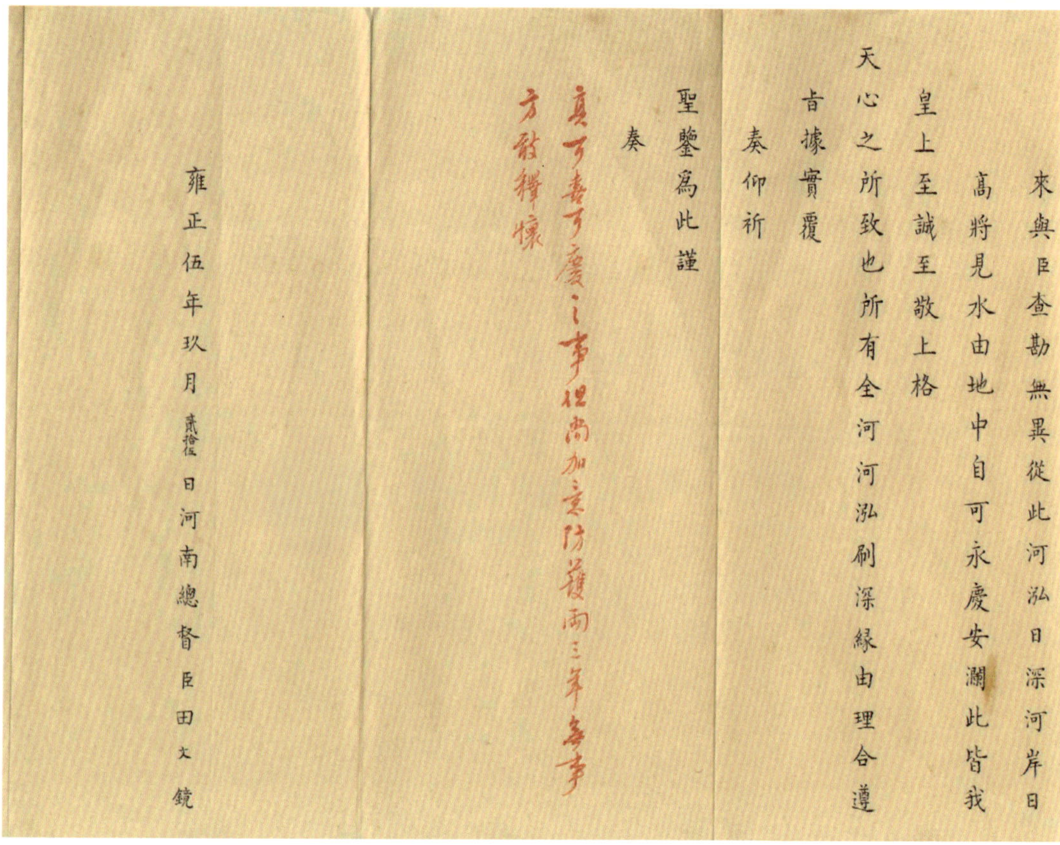

來與臣查勘無異從此河泓日深河岸日
高將見水由地中自可永慶安瀾此皆我
皇上至誠至敬上格
天心之所致也所有全河河泓刷深緣由理合遵
旨據實覆
奏仰祈
聖鑒爲此謹
奏

真可喜可慶之事但尚加意防護兩三年無事
方敢釋懷

雍正伍年玖月貳拾伍日河南總督臣田文鏡

七〇

奏

吏部右侍郎河南副總河兼管山東黃河堤工臣嵇曾筠謹

奏欽惟我

皇上

如日之升

與天同健

開八埏之壽域六府孔修

躋億兆於春臺九功惟叙

鴻恩漸被東西南朔慶朝宗

帝載熙明水火工虞咸底績河山奠定金堤亘

若虹流雲漢昭回華渚溶如川至兹者日

躔析木幸符

出震之期

電繞神樞適會秉乾之月陳九疇以五福
龍飛五載正週五秩之年順四序於三冬奠紀
三旬已備三元之統
一人有慶百福來同臣久沐
恩波尤深葵向五年河畔快覩河清萬歲山前
敬申
山祝望班聯其稍遠難抒鰲忭之忱效舞蹈
以彌虔恍覲
龍顏之喜溢
指示而安瀾以奏率土皆擊壤之人播嘉祥而
樂歲方歌稱觥正納禾之候伏願
軒圖廣運
克曆綿長
治協永清籌倍添於海屋
數秉大衍策更滿於坤輿臣無任踴躍懽忭
之至謹
奏

覽你乃窮書生既係此任有何出息耶

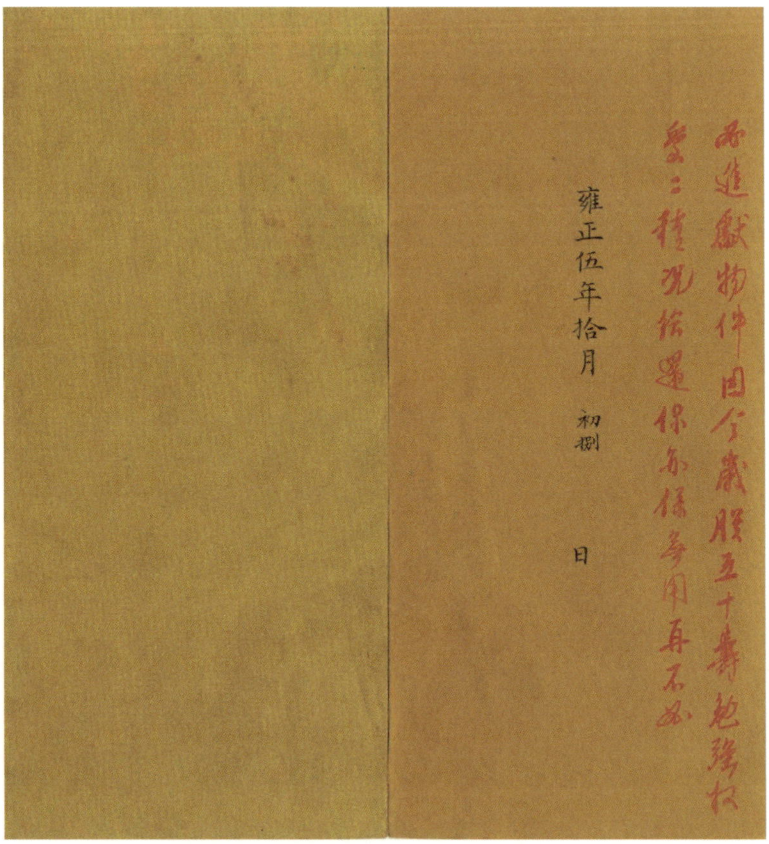

所進獻物件因今歲朕五十壽勉強收

受二種況從遠路來係參用再不必

雍正伍年拾月　初捌　日

奏

吏部右侍郎河南副總河兼管山東黄河堤工臣嵇曾筠謹

奏為兩岸堤工鞏固河身日漸刷深據實備

陳仰祈

睿鑒事竊照豫省河工蒙我

皇上宵旰經營訓飭於幾先綢繆於未雨一應

土埽工程逓年修理兩岸長堤束水河泓

愈刷愈深今霜降已過分飭道廳探量水

勢詳報河身深淺丈尺前來臣復遍詣親

加查勘懷河廳屬武陟縣倉頭引河至廣

武山壹帶中泓水深壹丈伍陸尺至貳丈

叁肆尺不等崖岸高出水面伍陸尺不等

上南上北河廳屬滎澤鄭州原武陽武封

卯中牟陸州縣中泓水深壹丈貳叁尺至
壹丈柒捌尺貳丈不等崖岸高出水面伍
陸尺不等下南下北河廳屬祥符陳留蘭
陽儀封肆縣中泓水深壹丈伍陸尺至貳
丈叁丈不等崖岸高出水面伍陸尺不等
歸河廳屬考城商卯虞城叁縣并山東黄
河廳屬曹縣單縣中泓水深貳丈肆伍尺
至叁丈肆丈不等崖岸高出水面陸尺至
捌尺不等現今通屬河身較之上年更加
刷深數尺實由我
皇上指示詳明增卑培薄嚴謹修守水無旁洩
是以併力刷深河漕自今以後逓年修理
防範堤日高而河日深民安物阜千百年
皆沐
聖主平成之賜矣臣謹將河身刷深情形據實
奏
聞伏祈
睿鑒謹

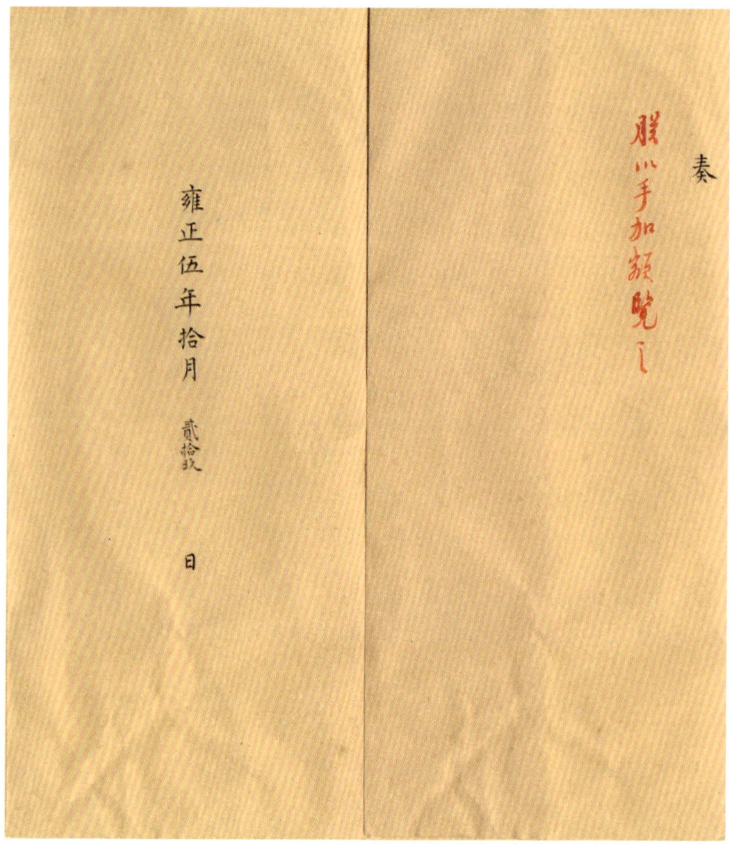
奏

朕以手加額覽了

雍正伍年拾月貳拾玖日

七二

奏

吏部右侍郎河南副總河兼管山東黃河堤工臣嵇曾筠謹

奏為恭謝

天恩事雍正伍年玖月貳拾柒日臣於儀封縣

北岸工所齎摺家人敬捧

皇上恩賜哈密瓜到臣隨即跪迎恭設香案望

闕叩頭謝

恩祗領訖欽惟我

皇上

澤沛方輿

祥徵品彙

播鴻猷於禹甸疆埸以均

叶喜氣於豳風壹苴並茂効梯航以萬里麗

筐篚以九州臣質愧依蒲情殷在藻
榮頒錦荔洪霑
雨露之施新拜嘉禾遠挹河湟之潤義同獻
雉聲教無窮占到懸匏豐亨有象數交梨
與火棗未足稱奇辨玉實與銀鬣合資錫
貢剖從河上恰有黃流來自
日邊尚餘紅粲咀含
寵渥懷丹舒葵藿之誠捧匊光華被綠見琅玕
之操不愁内熱性擬蔗漿何止中甜名希
崖蜜沐
皇恩於浹髓一味不遺凛臣節於清心寸衷如
結敬以將毋益滋愛日之恍念切報
君謹頌受天之祜祝
瓞緜於奕葉年踰八百而遥比較瓠於良苗
歲有十千之稔臣無任感激懽忭之至謹
具摺恭謝
天恩伏祈
睿鑒謹

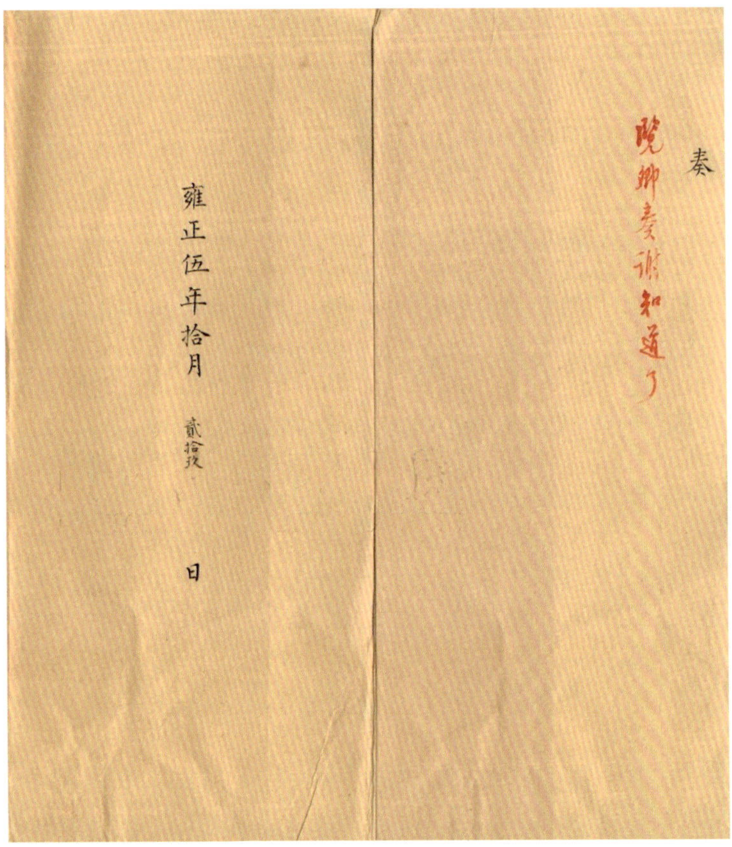

奏

覽卿奏謝知道了

雍正伍年拾月貳拾玖日

七三

奏

吏部右侍郎河南副總河兼管山東黃河堤工臣嵇曾筠謹

奏為乘機因勢開挑引河以固大堤仰祈

睿鑒事竊惟黃河之水湍悍變遷其性多曲每

遇埽灣轉溜非斜趨而北即直注而南以

致兩岸堤工或當大河之頂衝或被支河

之汕刷簽樁下埽多方救護始獲保固平

穩此南北兩岸各工致險之源也上年拾

月内臣恭進黃沁安瀾圖仰蒙

聖慈就圖指示將灣處挑直堤工即可化險為

平

諭臣查勘具奏仰見我

皇上聖謨深遠

睿慮周詳先事圖維無微不照臣遵即來往河
濱詳細審視因河頭俱無吸川之形河尾
亦無建瓴之勢是以不敢冒昧議開隨令
廳汛各官勤加相度倘河溜稍有動移或
遇可乘之機即當隨時入
告不敢因循貽悞當經
奏明在案今查得儀封縣北岸雷家寺壹工
向因大河自南岸青龍岡迤下由西南掃
灣起勢直注西北致將雷家寺上首之灘
刷開支河壹道沿堤走溜經宋家營徐家
堂曲家樓等處直至三家莊出口伍拾餘
里騰波湧浪勢同奔馬每遇汛水泛漲上
下搶護救應不遑該廳等曾將支河堵築
土壩攔截以保大堤而水力盛大殊難抵
禦臣經營籌度乘舟親往查勘現今青龍
岡迤下水勢瀠洄紆折將上灣淘作深兜
與下灣相對止隔肆百壹拾丈臣率領道
廳汛員細加看驗上水河頭已有吸川之

形下水河尾亦有建瓴之勢亟宜乘機因
勢開挖引河導水東行則河身順直水不
紆回大河之流既暢支河之勢自緩隨築
壩攔截可以經久捍禦矣引河既成支河
壩既築俾黃流全歸正河自當愈刷愈深
將來河灘漸次淤高不特北岸雷家寺迤
東伍拾餘里之埽工可以漸次減省而涸
出之灘地亦得廣為耕種實於運道民生
大有裨益今據道廳詳估前來臣復細加
踏勘核估該挑引河肆百壹拾丈及堵築
支河土埽等工共銀柒千餘兩臣謹繕摺
繪圖先行奏
聞恭請
皇上訓示以便會同河臣齊蘇勒督臣田文鏡
恭疏
題請伏祈
睿鑒謹
奏

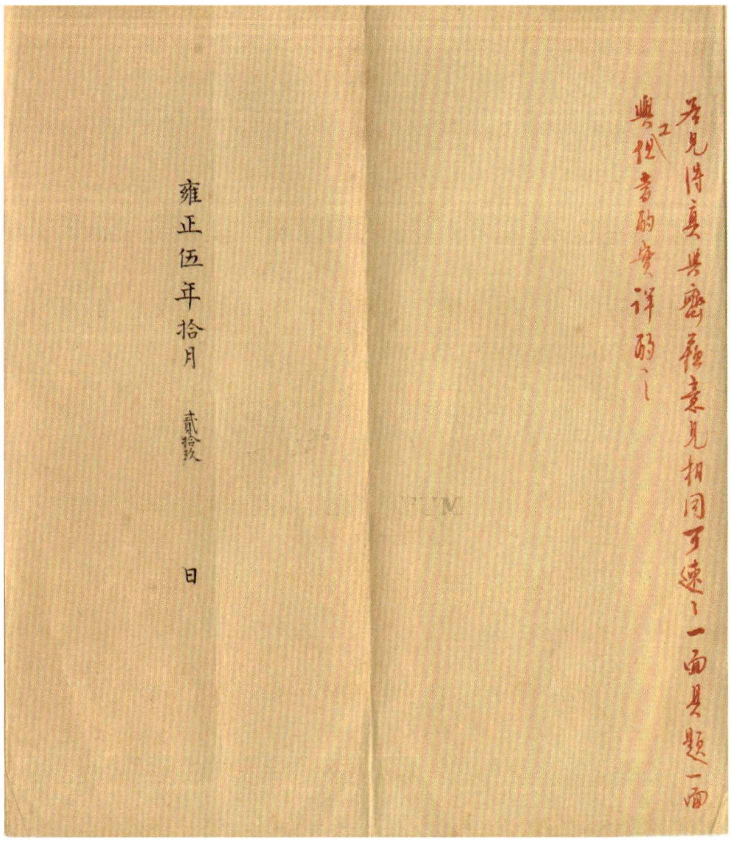

所見得真甚屬穩妥意見相同可速速一面具題一面興工但書的實詳明

雍正伍年拾月　貳拾玖　日

七四

奏

吏部右侍郎河南副總河兼管山東黃河堤工臣嵇曾筠謹

奏為恭報泉源暢流運河水足敬慰

聖懷事竊照漕運上關

天庾必須運河水勢充盈方可使漕艘遄行無

阻依限抵通豫省漕糧從前每多遲滯致

廑

宸衷荷蒙

皇上天恩指示將丹河挑挖深通各處泉脈通

行疏濬又蒙

欽賜百泉山衛河源神

御書靈源昭瑞匾額神祗感格靈效丕應現今

時值隆冬流泉混混晝夜不息查丹衛二

水暨各縣山泉實為運河之源源既暢流
則河身自然充裕臣經檄飭道廳探量運
河目下水勢寬深充足有深至柒捌尺肆
伍尺不等現在漕糧辦足已副冬兑冬開
之期除一面飛飭沿途印汛各官因地制
宜倘遇有流沙淺澁之處仍照舊豫備草
壩蓄水濟運竭力催儹務期通行無悞外
合先具摺奏
聞恭慰
聖懷伏祈
睿鑒謹
奏

深慰朕懷

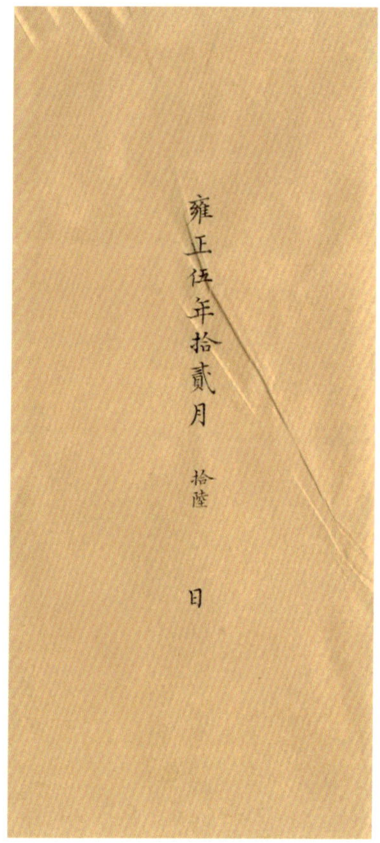
雍正伍年拾貳月拾陸日

七五

奏

吏部右侍郎河南副總河兼管山東黄河堤工臣嵇曾筠謹

奏爲欽奉

上諭事竊臣爲儀封縣北岸雷家寺開挑引河

繪圖摺奏欽奉

皇上硃批

旨若見得真與齊蘇勒意見相同可速速一面

具題一面興工當酌實詳酌之欽此欽遵仰

見我

皇上慎重周詳圖維萬全之至意伏查雷家寺

一帶因河勢自對岸斜趨淘作兜灣刷成

支河雖年年築壩堵塞每逢大水出漕漫

溢仍復衝開沿堤走溜數拾里胥受其患

臣於今歲伏秋汛水長發之際即乘舟渡河親詣相度審視至再至三見河頭兜灣處所裂厓卸坂已有吸川引溜之形而河尾轉注之間側射斜鉤亦有建瓴直下之勢因勢利導實有可乘之機此臣所親知灼見其當然此處引河不開則北岸堤工受累非細引河一開其勢必成大有益於北堤而無損於南岸者也前經移商河臣齊蘇勒會稿書題現在繕疏入

告隨會同督臣田文鏡檄飭管河道將挑河築壩銀兩先於河庫內動支給發并遴委諳練河員分投趨事一面堵築支河一面攢挑引河務於燈節後土融氷泮之時齊集興工等候水長開放自可不致遲悞又伏

請

皇上御覽河圖欽奉

硃批

旨此支河雖在在險工尚有敵三家庄頂衝之

力此支河斷流則此三家庄埽工當酌實留
心此三處下流之勢未知可有商酌否欽此
臣跪讀之下中心欽悦誠服
聖言有同金鑑伏查雷家寺迤下支河伍拾餘
里之堤工雖受其汕刷之害而三家庄埽
壩實得其出頭挑溜之力
諭旨指示纖毫不爽臣等終歲河干往返巡查
周而復始幾寢食於洪波巨浪之中未能
得其一二我
皇上端拱九重之中明見萬里之外按圖
指示瞭若列眉
綸綍所宣洞中窾要不惟熟悉河之形勢而且
深察水之性情臣敬聆
聖訓敢不凜惕從事將來引河開放支河斷流
三家庄埽壩既少此一支挑溜之水則頂
衝之勢自當增重臣惟有嚴飭河員多備
料物加謹防守以敬副我
皇上未雨綢繆之指示耳至三家庄對岸埽灣

之處前山東撫臣陳世倌曾經奏請開挑
引河經河臣齊蘇勒勘明以形勢未便不
能開挖
題覆在案今因南岸劉順唐道口焦家道口
等處支河經臣設法堵塞河勢南趨已緩
臣復親行踏勘見大溜縈洄於對岸衝刷
兜灣其形勢較前稍有變遷但此工攸關
東豫兩省南北二岸之運道民生所係重
大容臣再行審度俟河頭河尾果有吸川
建瓴之勢方敢定議奏
聞總之大河水勢曲則旁溢直則暢流全在順
其自然之勢而利導之則河身刷深堤工
鞏固我
皇上聖明天縱早已洞照靡遺臣惟有虔秉相
度實心奉行以冀安瀾永慶者也緣奉
硃批事理合先陳覆並將
硃批河圖奏摺一并恭繳伏祈
皇上睿鑒謹

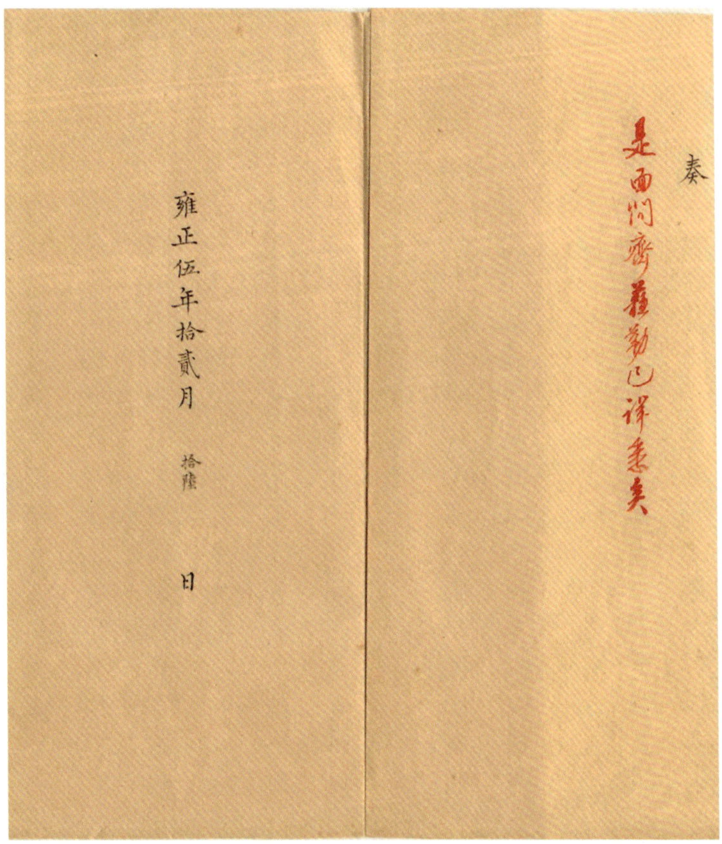
奏

是面問齊蘇勒已詳悉矣

雍正伍年拾貳月拾陸日

七六

奏

吏部右侍郎河南副總河兼管山東黄河堤工臣嵇曾筠謹

奏為恭謝

天恩事雍正伍年拾壹月貳拾肆日臣於儀封

縣北岸工所齎摺家人敬捧

皇上恩賜克食全羊壹隻茶糕貳匣玉露糕壹

匣到臣隨跪迎道左恭設香案望

闕叩頭謝

恩祗領訖欽惟我

皇上

德普仁風

慶流湛露

播修和於禹甸玉麟金鳳都呈咸若之祥

叶喜起於虞廷苹鹿蒲魚式覩泰交之盛歡
騰鼓腹感切銘心臣才遜烹鮮志甘茹蘗
職司河側常懷素食之慚
恩沛日邊屢拜
黄封之賜乃大庖珍膳當年
殊錫頻叨而上品仙脯此際
隆施更渥石花浮鼎團茶鎔龍鳳之形玉屑凝
盤和露印圭璋之質搓酥滴粉義取調和
截肪裁脂禮宜合度敬分貽於僚屬承
恩深在藻之思益自愧於鴛貽退食勵委蛇之
節竭愚誠以報
主一飯不忘奉
君惠以榮親半臠是寄咏羔羊而獻頌躋堂稱
慶欣歌
聖壽無疆比葵藿之向陽正席先嘗恍覲
天顔有喜飲和食德沐
膏澤於生生浹髓淪肌戴
寵光於世世臣謹繕摺恭謝

天恩伏祈

睿鑒謹

奏

覽

雍正伍年拾貳月拾陸日

七七

奏

吏部左侍郎河南副總河兼管山東黃河堤工臣嵇曾筠謹

奏為恭謝

天恩事雍正陸年正月初陸日臣於考城工次

齎摺家人敬捧

皇上欽賜

御書福字到臣隨跪迎道左恭設香案望

闕叩頭謝

恩祇領訖欽惟我

皇上

泰運登三

福疇備五

堯雲廣被彩毫摛奎壁之輝

舜澤洪施錦軸展山川之秀一時
敷錫萬國攸同臣猥以庸材頻叨
寵養珠聯璧合每驚
聖藻之昭回鳳翥鸞翔總沐
恩波之浩蕩乃春當燕喜正欣萬象維新而慶
洽
龍章又幸千祥并集驪珠一顆現爐香縹緲之
中黄絹幾重護墨瀋淋漓之外自
天題處比乾健以同行如日懸時共離明以普
照結氤氳之紫氣馳為瑞靄祥烟發璀璨
之紅光散入禁河温洛惟
九重心正筆正祝雍正於萬年而八表書同行
同賀來同於百福喜年年之拜
賜敬當什襲珍藏期世世以欽承長效三多獻
頌臣不勝踴躍懽忭之至謹繕摺恭謝
天恩伏祈
皇上睿鑒謹
奏

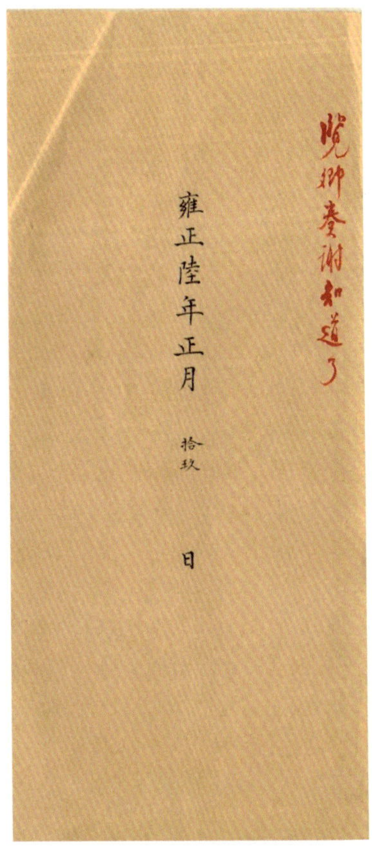

覽卿奏謝知道了

雍正陸年正月拾玖日

七八

奏

吏部左侍郎河南副總河兼管山東黄河堤工臣嵇曾筠謹

奏為恭報河工豫備事宜敬慰

聖懷事竊照河工以物料為重物料以豫備為

先伏查豫省河工歲修一項臣前條奏定

於秋成後即發銀購料每秫稭壹百觔定

價柒分較前節省貳分務於捌月内道庫

發銀勒限拾月内照額辦足奉

旨俞允欽遵在案隨即飛行道廳遵照去後茲

據管河道祝兆鵬河北道朱藻呈報南北

兩岸各廳辦料銀兩俱經如期給發所買

物料業已購足陸續運貯工所前来臣於

臘底新年復親往查察目擊堤工所貯料

物俱各鱗比櫛次堆積崇墉分編字號插立牌橛隨諭多撥兵夫看守儘可有備無患再查堤上搶險下埽鑲填全憑積土臣已嚴飭廳汛督率兵夫趁此閒暇沿堤豫備土牛料物既多土牛既積本年各汛修守有資自可無悞隄防矣至南北兩岸柳園因從前需用過多採伐殆盡早已通飭廳汛務於冬末春初津液含蓄之時廣為栽植俟春和澆灌成活臣復親加催督查驗兩岸柳椽俱已密排栽種成行河工要料漸見蕃衍所有豫備事宜理合恭摺奏

聞上慰

聖懷伏祈

皇上睿鑒謹

奏

實慰朕懷人事盡而上蒼必賜佑也勉之慎之朕亦如是

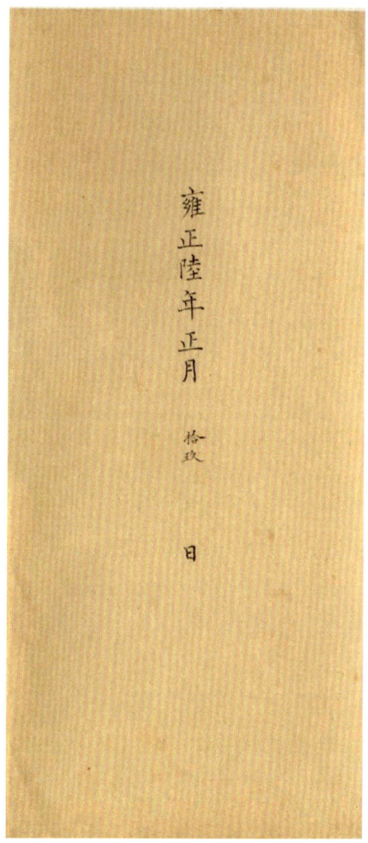
雍正陸年正月拾玖日

七九

奏

吏部左侍郎河南副總河兼管山東黃河堤工臣嵇曾筠謹

奏為

聖主天恩浩蕩微臣感激難名敬陳謝悃仰祈

睿鑒事雍正陸年正月拾壹日准河南督臣田

文鏡字信内録正月初陸日接奉和碩怡

親王大學士張廷玉戶部尚書蔣廷錫來

字雍正伍年拾貳月貳拾貳日奉

上諭副總河嵇曾筠衙門無養廉之項朕向來

不知故未降旨今因齊蘇勒奏聞朕始知之

爾等可寄信與河南總督山東巡撫令河南

山東二省各於公用銀兩内以三千兩給與

嵇曾筠為伊用度伊既辦理地方公事自應

如此加恩倘不為籌畫養廉之項將來遇不
肖之員為副總河必至苛索於地方也欽此
遵
旨寄信前來知會到臣欽此欽遵隨恭設香案
望
闕叩頭恭謝
天恩訖竊臣家本單寒生逢
盛世荷蒙
聖祖仁皇帝豢養隆恩備員詞館寸長未効欽逢
我
皇上乘乾御極洪恩賞拔洊列卿貳
特授臣以副總河之職管理豫東兩省堤工五
載河干毫無報稱迺蒙
皇上格外加恩以副總河衙門無養廉之項
睿照周詳曲為籌畫
特命怡親王等寄信河南山東督撫二臣令於
二省公用銀兩内各以三千兩給與臣曾
筠用度

洪慈體恤至優至渥聞
命之下感激涕零是臣之身家
皇上養活之臣之名節
皇上保全之
教育生成恩同覆載如此而不益加砥礪廉隅
實為
天地所不容如此而不益加勤敏公事更為
聖朝所難宥伏念臣父以生員殉節臣母以青
年守志臣以四齡孤子伶仃飄泊幸際
昌明之會疊邀
知遇之隆中夜捫心惟知刻苦自勵今又蒙
皇上如此加恩匪特微臣不敢稍萌不肖之私
自今以後即有不肖之員亦莫不滌面洗
心鼓舞奮勉於
天高地厚之中矣臣隨耑遣家人歸報臣母白
髮孀親懽忻頂禮率領闔家老幼焚香叩
祝
聖壽無疆所有微臣感激愚忱理合恭摺奏

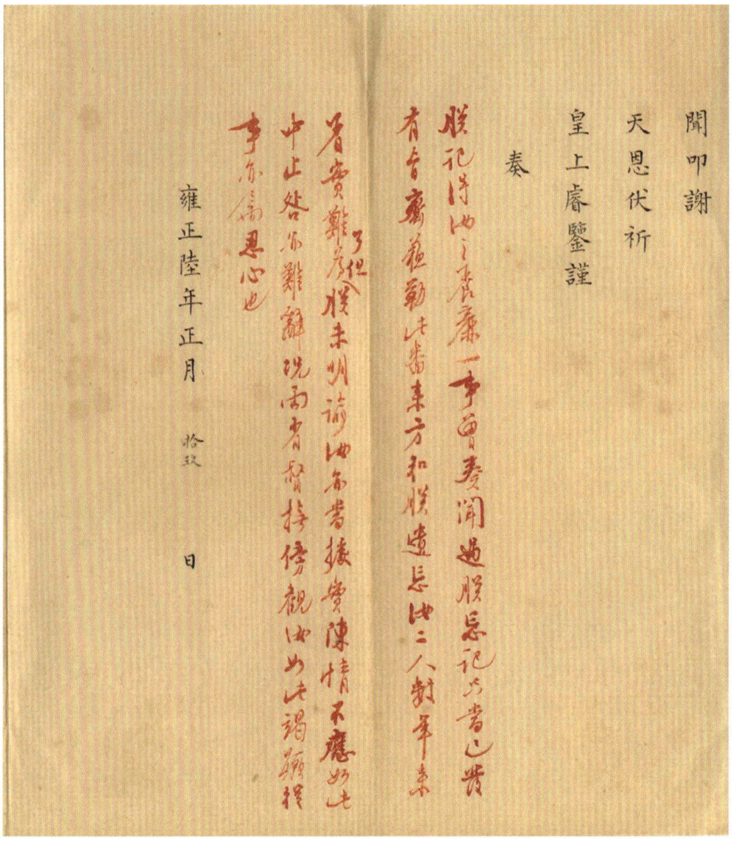

聞叩謝
天恩伏祈
皇上睿鑒謹
奏

朕記得汝之豪廉一事曾奏聞過朕忘記亦曾已費
有旨嘉獎勤慎者來方知朕遺忘汝二人對年來
看實難為了但朕未明諭汝爾暫據實陳情不應如此
中止然爾難辭况兩省督撫傍觀汝如此竭力維持
事爾偏恩心也

雍正陸年正月　拾玖　日

八〇

奏

吏部左侍郎河南副總河兼管山東黄河堤工臣嵇曾筠謹

奏爲欽奉

上諭事。雍正陸年正月貳拾柒日，臣於山東曹

縣工次，時值河臣齊蘇勒

陛見回南，赴豫，臣隨跪請

皇上聖躬萬安。據齊蘇勒傳奉

聖諭：河南雷家寺一帶堵截支河，開挖引河一

事，爾於回南之時，前往彼處再行詳看，會同

副總河嵇曾筠細加商酌。欽此。欽遵。臣於正

月叁拾日同至雷家寺工次，細看河勢情

形，稟遵

皇上按圖指示機宜，詳加斟酌，應於儀封縣三

家庄添築迎水大壩壹座以抵全黄頂衝
之力又查曹縣芝麻庄埽工地居三家庄
下游正對黄流埽灣水勢悍激應於舊埽
上首添築挑水大壩壹座挑溜開行上下
可保無虞俱經會摺恭
奏在案齊蘇勒於貳月初拾日出河南境訖
臣一面飛飭儹運料物將三家庄迎水壩
及芝麻庄挑水壩晝夜興築下埽簽樁鑲
墊穩固復親至雷家寺督催各員挑穵引
河已經穵有捌分指日可以告成臣因桃
汛届期由山東黄河北岸起一路沿堤查
勘直至河南武陟嚴諭沿河廳汛員弁多
撥兵夫攑土增培堤頂搜尋鼠穴獾洞修
理歲搶工程以資捍禦臣自查勘北岸之
後即渡河查勘南岸堤工往返巡歷目擊
沿河灘岸竟有高出水面柒捌尺壹丈不
等可見河身漸次刷深此皆由
皇上睿慮周詳

聖謨指示所致臣惟有愈加謹慎先事圖維以

仰副

聖懷理合恭摺奏

聞伏祈

睿鑒謹

奏

深慰朕懷此奏但不過盡人事耳仍當以公誠敬謹以聽

天命心志保重無少肆懈弛也

雍正陸年貳月　貳拾柒　日

八一

奏

吏部左侍郎河南副總河兼管山東黄河堤工臣嵇曾筠謹
奏為請
旨事雍正陸年貳月初貳日河臣齊蘇勒傳奉
上諭據奏河南蘭陽縣漫口處所有神像自上
流漂来其漫口之水隨即自行沙淤甚屬奇
事爾等當於此處另建寛大廟宇以荅神庥
欽此欽遵臣隨公同相度地基興建廟宇
業經會摺恭
奏在案欽惟我
皇上愛民心切誠感河靈為民敬
神建立廟宇此誠千載難逢殊祥
鉅典也伏念臣於雍正元年陸月内欽承

簡命來赴河南堵築中牟十里店漫口奉
旨動用庫帑分發各州縣辦料至拾月初間料
物齊集堤頂堆積如山正在晝夜捲埽剋
期搶堵不料拾月拾柒日夜半更夫掛燈
籠於棚簷失火燒棚斯時棚之西向逼近
壩臺因趁月明鋪埽滿地稭草棚之東向
有千百萬之積料堆貯崇墉若一延燒則
壩臺既不可保物料盡成灰燼臣寢處草
棚驚聞起視見西風猛烈火焰燭天風頭
火勢俱自西而東十分危險臣倉皇跪禱
感應之理實如影響但不誠不分之業不知所感者小
口誦我
理雖應之自然無驗一視鄉邑禍不可測此皆
皇上軫念億萬民生宵旰焦勞動用帑金購辦
天棄神厭之物又不可同日而論也朕深為卿慶幸焉勉之
物料
命臣曾筠來此堵築漫口今積有半年料物始
得齊全若被延燒不但堵築稽遲民困饑
溺將來再為購料運送艱難民力何堪伏
望
風火尊神仰體

上帝好生之心
聖主焦勞至意止風熄火下救黎民困阨頃之
忽見風頭陡轉火勢自南而北將堤北渡
船壹隻燒燬殆盡大桅南倒又將火頭壓
滅東西壩臺物料俱獲保全斯時官民夫
役莫不歡呼

萬歲口頌
皇上洪福諸神保佑所致又連年伏秋汛水長（朕深厭此二字屢屢訓諭再不聽從是何意也）
發之時風色全無波恬浪静臣於上年秋（欽識）
汛後已經奏
聞在案此皆由我
皇上精誠感格神力顯應似應起建風火二神
祠宇以酬神貺令現奉
聖諭命臣等於蘭陽漫口建立寬大廟宇可否
叩懇
天恩并於殿旁空隙處所再建風神殿叁間火（風神朕近日有旨部中現議此事你想閑得而有此奏耶）
神殿叁間兩旁配殿各陸間門樓各叁間
附於廟之左右敬安

神位倘蒙

恩允所有應估工價數目容臣等一并據實續

估具奏理合恭摺請

旨伏祈

皇上睿鑒施行謹

奏

甚好。二像照宮中塑裝，俟工告成時奏聞，令開來請。不必另題。

覽

雍正陸年貳月　貳拾柒　日

八二

奏

兵部尚書河南副總河兼管山東黄河堤工臣嵇曾筠謹

奏爲

聖主隆恩愈重微臣感激難名敬陳謝悃仰祈

睿鑒事雍正陸年叁月拾叁日接准吏部咨開

爲補授尚書事奉

旨嵇曾筠補授兵部尚書仍着辦理河工事務

欽此爲此合咨前去欽遵查照施行等因

欽此欽遵臣隨恭設香案望

闕叩頭恭謝

天恩訖竊臣本以菲材荷蒙

皇上知遇隆恩拔置卿貳又蒙

軫念豫東西省堤岸爲運道民生所係

命臣管理黄河堤工五載河干毫無報稱幸賴
聖明天縱洞燭機宜
指示精詳多方
訓誥獲保安瀾之慶則今日之金堤鞏固者皆
由
皇上之乾綱獨斷今日之民安衽席者皆由
皇上之宵旰憂勤微臣至愚極拙雖黽勉供職
方愧奉行之不逮洊荷
皇恩浩蕩曲體保全
賜賚頻加
溫綸疊沛以微臣之竭蹶獲邀
聖意矜憐以微臣之刻苦上荷
聖慈優恤捧誦
硃批
諭旨時時感激涕流今又蒙
恩拔擢樞要臣自揣何人膺茲
寵遇聞
命自天悚惶無地前蒙

皇上恩賜養廉時臣隨遣家人歸報臣母嗣接

臣母家信訓誨叮嚀感頌

皇上天恩如此高厚務要盡心報効勉做好官

我老年人惟有率領闔家妻兒老幼朝夕

焚香頂祝

聖壽無疆臣今又蒙

皇上格外加恩拔擢則白髮老親聞知此信又

不知如何欣喜如何頂感

皇恩也第臣智識短淺任大才微中夜捫心實

深惶懼惟有殫竭愚誠倍加兢惕事事稟

遵

聖訓時時勤慎修防永保金堤穩固以期上慰

聖心耳除另疏恭

謝外謹繕摺先行叩謝

天恩伏祈

皇上睿鑒謹

奏

覽卿奏謝知道了數疋御用細緞寄來賜卿母者

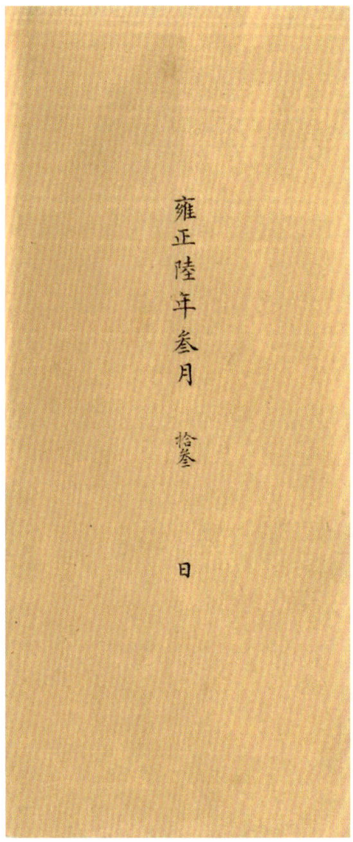
雍正陸年叁月拾叁日

八三

奏

兵部尚書河南副總河兼管山東黄河堤工臣嵇曾筠謹

奏為恭報蘭陽新險工程搶護平穩仰慰

聖懷事竊照蘭陽縣北岸耿家寨地方原係臨

河險要臣前同河臣齊蘇勒相度形勢必

得重門保障方資鞏固因議將大堤及臨

河縷水堤並中間土堰壹道亦幫作越堤

共有叁重均酌量估計於雍正貳年叁年

陸續

題請加幫在案近因河勢下移南岸長出淤

灘黄流北注漸成頂衝臣隨於去冬嚴飭

該廳汛下埽防護并多貯料物備用本年

貳月間節據該廳汛具報埽工蟄陷歷經

批飭動料鑲填搶護臣於貳月內往來北岸巡查親至該工嚴諭弁兵用心修守料物齊備足資防護嗣於貳月貳拾捌日臣正在巡查南岸據下北河同知張近光報稱貳拾柒日未時河勢陡湧大溜衝刷堤根走埽壹個連夜捲埽搶護至貳拾捌日卯時埽卸堤頂壹丈餘等情臣隨即日渡河冒雨赴工查勘見水勢已緩推其走埽塌卸之由皆因桃汛初漲頂衝激烈該廳汛乘夜下埽倉皇急遽不諳埽理緩急失宜壹埽未穩又進壹埽尚未簽樁水勢搏擊埽隨水去以致牽動堤頂塌卸丈餘臣隨住宿工次相機修守如式下埽簽樁堅實買土鑲填業經搶築平穩訖隨檄行河北道朱藻將走失埽個料物及補修堤土夫工勒令張近光賠修一面查取該廳汛職名於叁月初捌日恭疏

題叅請

旨勅部議覆并遵例摘取關防遴員署理在案
臣因搶險原係工程要務堤埽現保平穩
未敢於疏内瑣屑陳奏輕瀆
聖聽第念桃汛水勢易長易消尚然報險急應
未雨綢繆以防伏秋二汛因查第三道大
堤久已加幫高厚其第二道越堤雖經加
幫頂寬貳丈底寬捌丈高壹丈貳尺尚嫌
卑薄其臨河第一道縷水堤近因大溜直
射堤根深至貳丈有餘臣再四籌度現於
堤南迎溜頂衝之處下摟厢埽一路沉水
埽一路又預備料物相機下魚鱗埽一路
再查縷堤北面有積水深潭因晝夜赶築
裡戧壩基密釘欄土排樁一路又於險工
左右堤頂盡行酌量加高則頭門已屬穩
固次將第二道越堤隨地勢加幫高至壹
丈伍陸柒尺頂寬叁丈底寬拾貳丈并估
下等埽一路則二門亦有捍衛再於第三
道大堤上添貯料物以備不時需用多撥

員弁兵夫防守，則三門亦有准備。再估從縷水堤北直接大堤東西建築格堤二道，預爲收束水勢地步，則四面層層有備，雖至伏秋可保萬全矣。臣一面會商督臣田文鏡暫動河庫存貯捐工銀兩，委河北道朱藻督工儹築，興修剋期告竣，一面飭令據實確估造冊，會

題請

旨外，所有現在搶護耿家寨堤工平穩情形，合

先奏

聞，恭慰

聖懷。伏祈

皇上睿鑒。謹

奏。

深慰朕懷，但不可以河工少就緒而肆志，愈當敬畏。凡事只可盡人力而總在聽

天心，一放事必難，勤慎二字時刻不可釋念也，期共勉之。

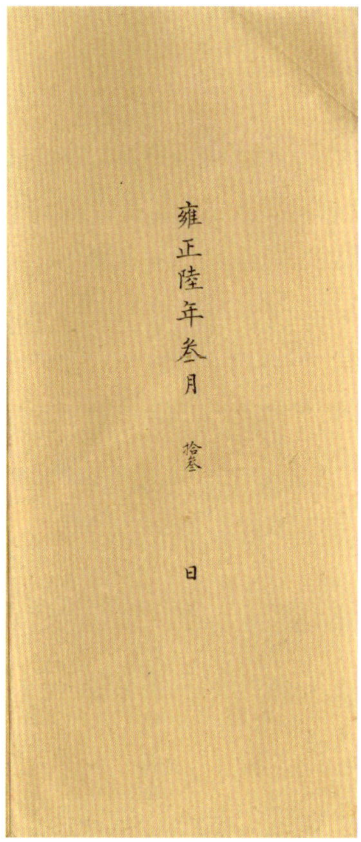

雍正陸年叁月拾叁日

八四

奏

吏部尚書河南副總河兼管山東黃河堤工臣嵇曾筠謹

奏為恭謝

天恩事雍正陸年伍月拾伍日臣於蘭陽北岸

工次齎摺家人敬捧

皇上欽賜珊瑚帽頂到臣隨跪迎道左恭設香

案望

闕叩頭謝

恩祇領訖欽惟我

皇上

堯天丕冒

舜日重華

禮治光昭四海仰文明之運

德施遠被千秋涵喜起之風臣謬廁簪纓濫
紆章服拜除書於
霄漢屢宣
綸綍之音煥
盛典於寰區
特賜珊瑚之頂珠圓玉潤稟氣精明流景揚輝
乘時霞舉丹浮鶴首遥聯仙鶴之班黄起
葵心久切向葵之念觀瞻所係益整飭於
容儀體統所關愈凛遵於法紀蓋自經追
琢金玉其相而從此衣冠等威已辨衷於
方寸歷萬世以欽承感實殊常貫四時而
不易光天化日之下長荷
洪慈榮河温洛之間載添麗藻戴星而出爛矣
如星
湛露頻承凝而為露
皇章大備髮膚亦被
寵榮
君賜愈隆頂踵都思報効臣謹繕摺恭謝

天恩伏祈

皇上睿鑒謹

奏

覽卿奏謝知道了

雍正陸年伍月貳拾捌日

八五

奏

吏部尚書河南副總河兼管山東黃河堤工臣嵇曾筠謹

奏為恭報伍月水勢工程平穩情形上慰

聖懷事竊照黃河堤岸全憑修守臣凛遵

聖諭時刻嚴飭廳汛員弁竭力奉行即儀封北

岸之三家庄山東曹縣之芝麻庄俱經下

埽簽樁添築壩工鑲填穩固其蘭陽北岸

新險之耿家寨工程緊要臣現在親行催

督多備物料隨埶隨鑲雖係頂衝壩工已

經堅厚足資捍禦臣緣駐劄險工不能分

身徧為查察屢檄兩河員弁加謹修防現

有左僉都御史臣徐湛恩前往兩岸凡遇

歲搶工程督令星夜趲做自伍月初叁日

查勘起至貳拾肆日始回耿家寨目見兩
岸堤工俱各平穩伍月內雖經兩次長水
然皆旋長旋消循軌東注臣乘舟細察河
勢見中泓既深黃流已循故道凡係昔年
舊有險工之處俱當加意防範如封邱縣
之荆隆口古黃池一帶河流又復掃灣北
注雖去堤尚有百餘丈遠不可不預為之
防臣已檄飭廳汛多積料物相機修守如
遇新險要工即一面竭力搶護一面據實
勘估會
題務必恪遵
聖訓時存敬畏早夜修防以保護安寧所有伍
月水勢工程平穩情形理合恭摺奏
聞仰慰
聖懷伏祈
皇上睿鑒謹
奏

深慰朕念但必待伏秋二汛過後方可釋懷君能

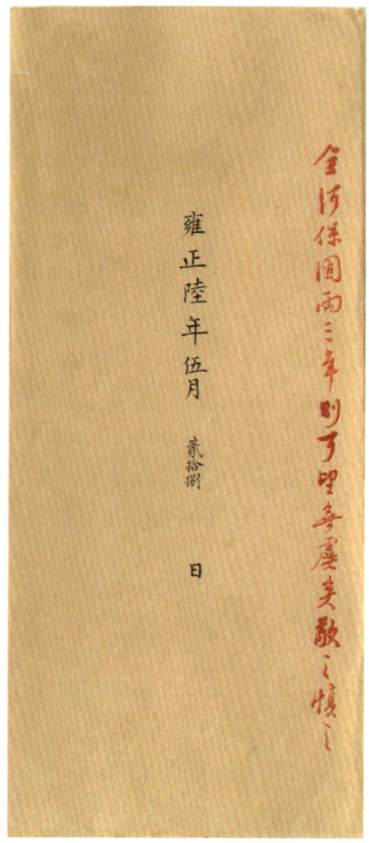

全河保固兩三年則可望無虞矣敬之慎之

雍正陸年伍月貳拾捌日

八六

奏

吏部尚書河南副總河兼管山東黃河堤工臣嵇曾筠謹

奏為恭報陸月水勢工程平穩情形敬慰

聖懷事竊照陸月大雨時行正伏汛水發之際

前接寧夏水報伍月拾伍日發水肆尺有

餘臣隨飛飭各廳汛員弁率領兵夫住宿

堤上曉夜修防於陸月初壹日水頭到豫

至初肆初伍等日共長水伍尺有餘各處

險工俱搶護平穩又於初拾拾柒及貳拾

肆伍等日陸續長水有肆尺伍尺不等兩

岸工程俱保固無虞伏查雍正叁年肆年

每逢水長遲至捌玖日始能消落今年水

勢旋長旋消又沁黃次第漸發安瀾循軌

風靜波恬蓋因上游既已通達下游又無
阻滯中泓刷深趨注便利是以順流直下
如此其迅速也臣自陸月初柒日由耿家
寨起程沿堤親勘至山東曹單等處及江
南碭山交界止於貳拾壹日回至蘭陽北
岸往返細加察看惟耿家寨為最要頂衝
現今壩座修築鑲填高寬堅厚又因伏汛
水大溜走中泓沿堤一帶壩工穩固至雷
家寺引河大成掣溜東注其舊日河身俱
已淺涸北岸支河口門亦經掛淤所有引
河以下水勢灣灣俱順即三家庄芝麻庄
亦皆開溜中行不致掃灣湍激此皆由我
皇上宵衣旰食敬
天勤民一誠感召所以於黃流迅長之時漸有化
險為平之瑞現今伏汛已過秋汛將屆臣
惟有凜遵
聖訓益加敬謹率屬竭力修守所有陸月水勢
工程平穩情形理合恭摺奏

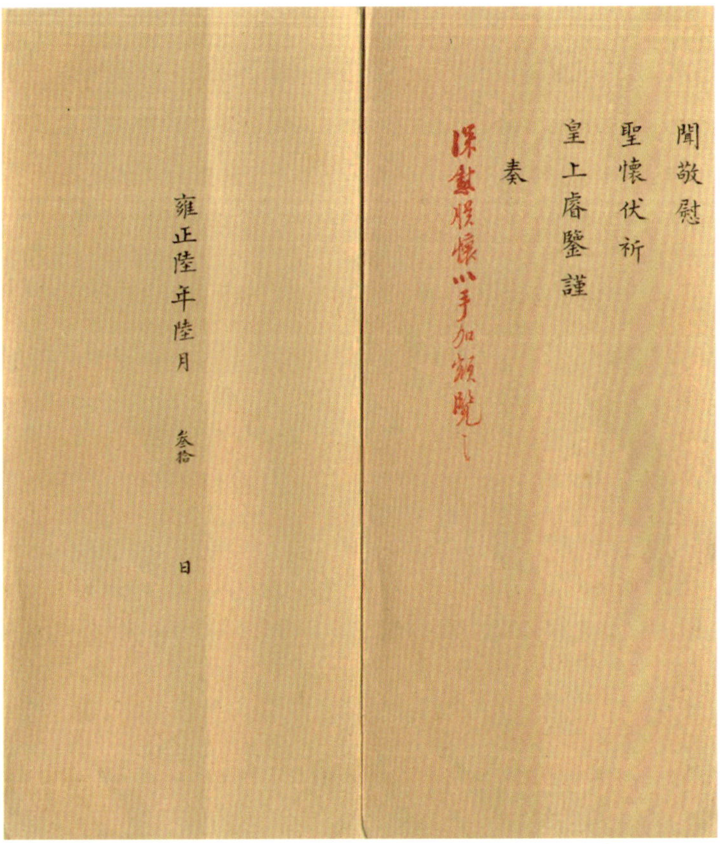
聞敬慰
聖懷伏祈
皇上睿鑒謹
奏
深慰朕懷，以手加額覽之。
雍正陸年陸月　叁拾　日

八七

奏

吏部尚書河南副總河兼管山東黄河堤工臣嵇曾筠謹

奏爲恭謝

天恩事。雍正陸年陸月貳拾壹日，臣於蘭陽北

岸工次，齎摺家人敬捧

皇上恩賞新製磁器壹匣到，臣隨跪迎道左，恭

設香案望

闕叩頭謝

恩祗領訖。欽惟我

皇上

澤潤堯樽，

功高禹鼎，

範圍有象，舉一世以陶甄

容保無疆統萬年以廣運臣材慚用缶智類
挈瓶寸長未效於河干珍器
特頒於霄漢光輝發越
天工式協
天心款識精明
御賜尤隆
御製轉洪鈞而受質質自堅凝稟
至德以成形形無楛窳
重華景運示諸指掌之中大塊文章總在薰陶
之內出土鉶而耀錦五采彰施法乾象而
成規太和保合敬陳香案儼如就
日瞻
雲感沐
恩波奚啻飲和食德被
榮施以將毋樂匜更有餘歡戒盈滿以服官夙
夜彌深惕厲保金堤於鞏固
金甌昭永奠之庥祈銀漢以長澄銀甕鏤
太平之字臣不勝感激懽忭之至謹繕摺恭

謝

天恩伏祈

皇上睿鑒謹

奏

覽卿奏謝矣

雍正陸年陸月叁拾日

八八

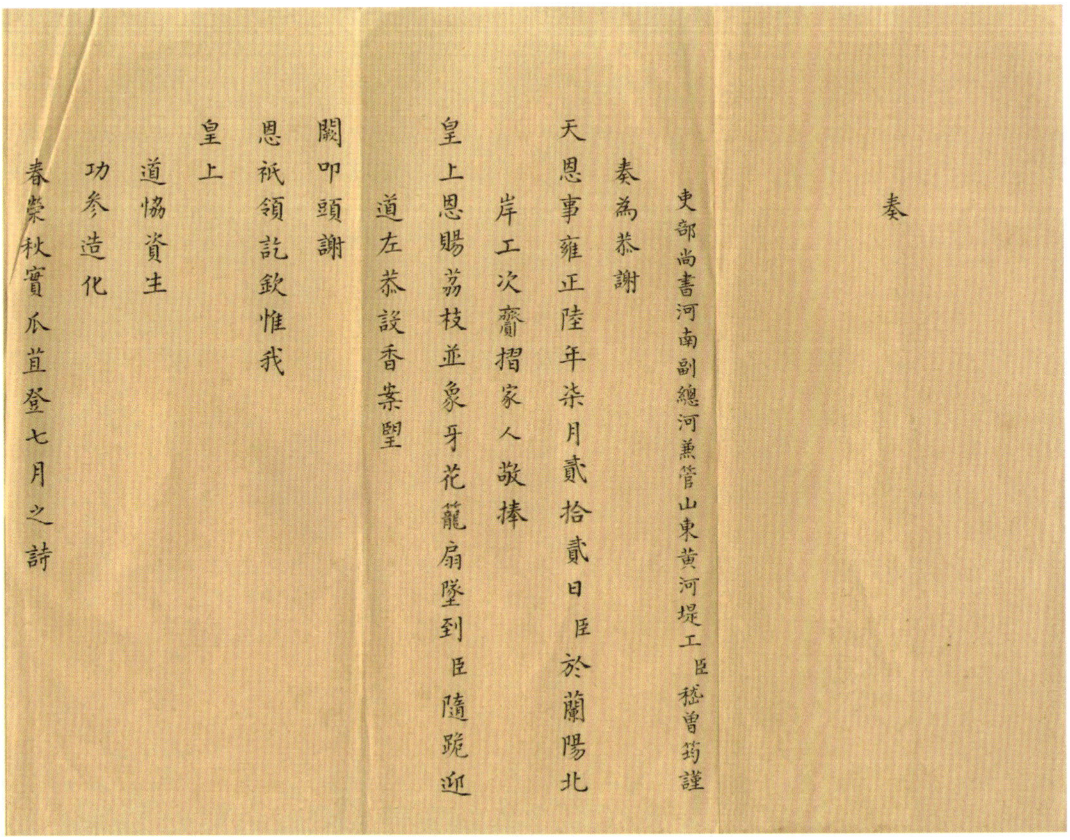
奏

吏部尚書河南副總河兼管山東黃河堤工臣嵇曾筠謹

奏為恭謝

天恩事雍正陸年柒月貳拾貳日臣於蘭陽北

岸工次齎摺家人敬捧

皇上恩賜荔枝並象牙花籠扇墜到臣隨跪迎

道左恭設香案望

闕叩頭謝

恩祇領訖欽惟我

皇上

道協資生

功參造化

春榮秋實瓜苴登七月之詩

璧合珠聯齒革麗九州之貢昇平有象漸被
無疆臣猥以庸材疊邀
賞賚龍墀捧出拜荔枝之
寵錫欣嘗玉液瓊漿象齒雕鏤帯茉莉之清芬
特賜花籠扇墜
上方仙品凝就紅氷
内府神工鏤成皓月紫文瀲灧芭含精白之
心素質玲瓏渙發馨香之氣飲和食德承
湛露而未晞流景揚輝比繁星而愈燦感
恩波之遠潤銀漢為章覺炎暑之頓蠲金風洊
爽
堯尊新賜盛嘉菓以彌鮮
舜扇曽頒綴流蘇而耀彩敬分甘於僚屬喜洽
葵丹謹傳示於子孫珍逾鴻寶既優既渥
既霑既足仰始終之
涵育浹髓淪膚如切如磋如琢如磨圖報答於
捐縻銘肌鏤骨臣不勝感激惶忭之至謹
繕摺恭謝

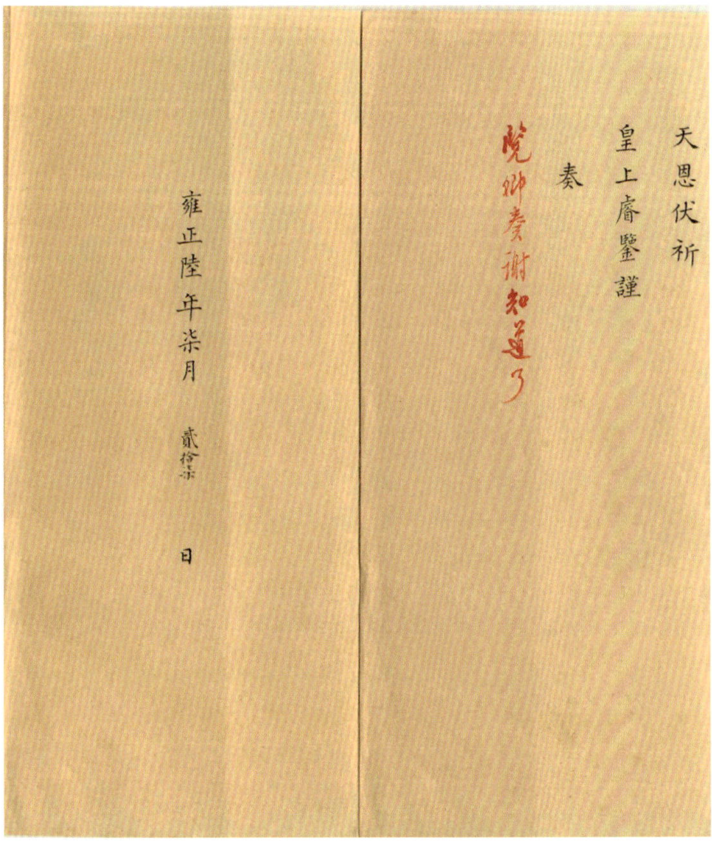

天恩伏祈
皇上睿鑒謹
奏
覽卿奏謝知道了
雍正陸年柒月貳拾柒日

八九

奏

吏部尚書河南副總河兼管山東黃河堤工臣嵇曾筠謹

奏為微臣敬奉母命百叩恭謝

天恩事雍正陸年肆月初貳日欽奉

皇上硃批臣謝

恩奏摺奉

旨覽卿奏謝知道了數疋御用綢緞寄來賜卿

母者欽此欽遵臣隨代母恭謝

天恩即遣家人齎捧歸寄臣母去後柒月初貳

日接到臣母寄信云汝自幼孤苦伶仃今

荷

皇上隆恩拔擢官至吏部又蒙

皇上推恩

賞賜御用綢緞數疋闔家光寵已極但是我老年人如何頂戴得起惟有日夜焚香念佛

頂祝

萬壽無疆

天恩如此高厚臣子何以報答汝當愈加盡心竭力切勿偷安懈怠務必勉做好官上報

聖主汝可替我多多叩頭奏謝

天恩臣捧繹之下不禁涕泗交頤臣自揣才庸識淺五載河干並無寸長足録既感

皇仁之高厚仰報無能復思母訓之懃惓負慚無地臣惟有夙夜警惕矢公矢慎竭盡血誠以期報効

皇上洪慈於萬一耳所有傳奉臣母叩謝

天恩實情謹百叩奏

聞伏祈

睿鑒謹

奏

覽

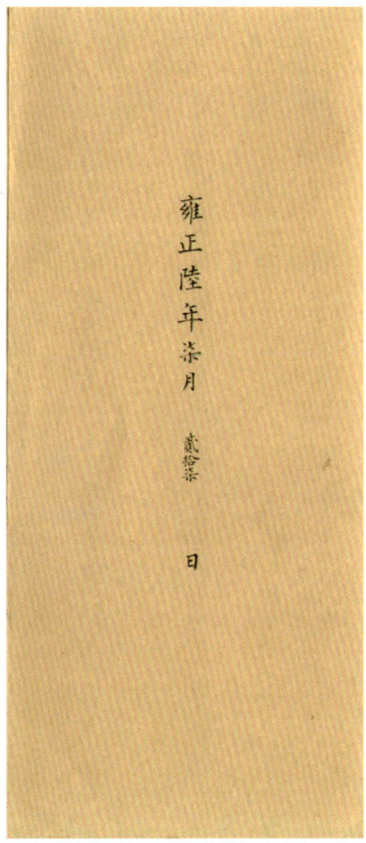

雍正陸年柒月貳拾柒日

九〇

奏

河東總督臣田文鏡謹
奏爲恭奏豫省黄河秋汛水勢情形及中泓
刷深丈尺仰慰
聖懷事竊查豫省黄河關係運道民生仰蒙
皇上睿慮周詳
指授方畧機宜連年發帑修築又蒙
皇上聖德昭格
上天
聖祖暨
河神默佑循軌安瀾堤埽鞏固至今歲而愈
顯
神功從來在河灘地上佈種者麥則偶然得

收秋則難免淹及今歲則二麥大收于春
時百穀大收于秋日詢之土人羣稱難得
且灘地穀麥不收則已一收必加倍于他
處者蓋因土膏肥澤故也此一異也彼最
險之耿家水口係全河大溜頂冲臣每為
伏秋兩汛擔慮飭令多撥夫料加謹防護
但大溜直逼堤根日夜搜剔以致埽壩虛
鬆不時蟄陷實屬人力難為乃忽而溜走
中泓刷去南灘淤起北岸而壩基得以立
穩以保無虞此又一異也今入秋汛已逾
壹月查各屬報到水勢長落情形除從前
隨長隨落長落相抵外近來數日有落無
長不但並未出漕流入各處支河且查據
管河道祝兆鵬河北道朱藻報稱黃河中
泓南岸西自滎澤縣起東至虞城縣止北
岸西自武陟縣起東至儀封縣止有刷深
陸柒捌玖尺不等者有刷深壹貳叁肆丈
不等者兩崖高出水面有肆伍尺不等者

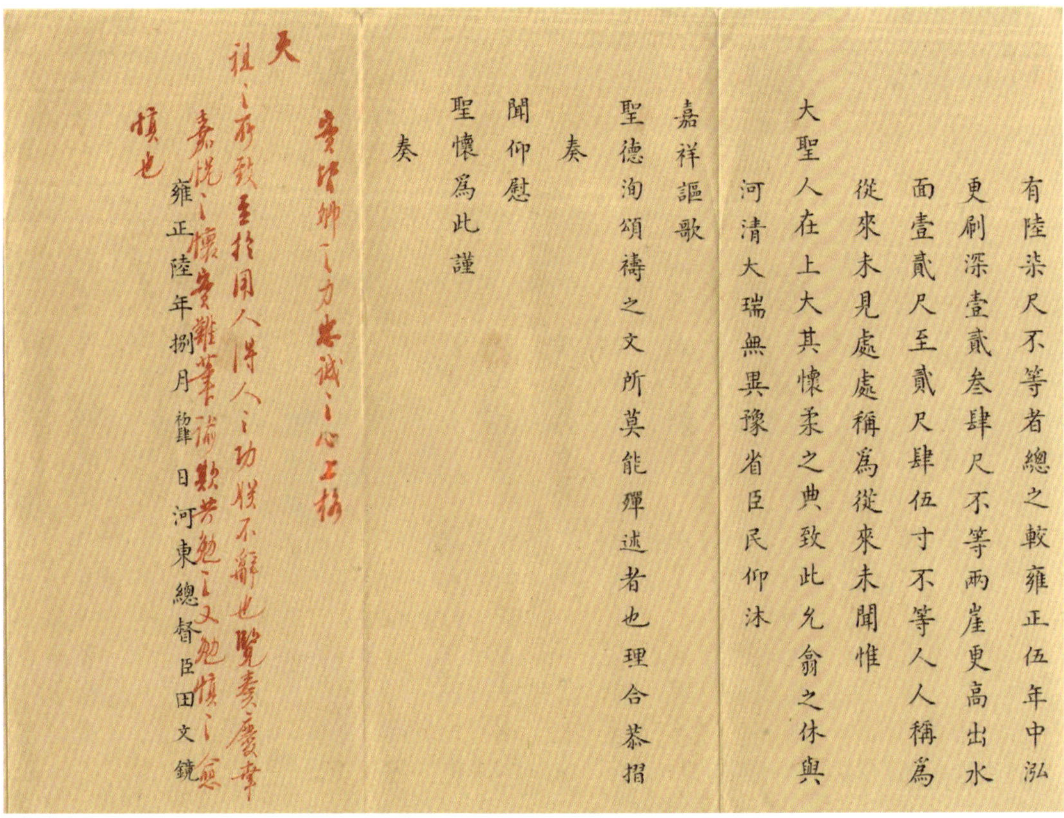
有陸柒尺不等者總之較雍正伍年中泓更刷深壹貳叁肆尺不等兩崖更高出水面壹貳尺至貳尺肆伍寸不等人人稱爲從來未見處處稱爲從來未聞惟
大聖人在上大其懷柔之典致此允𠓗之休與河清大瑞無異豫省臣民仰沐
嘉祥謳歌
聖德洵頌禱之文所莫能殫述者也理合恭摺
奏
聞仰慰
聖懷爲此謹
奏

實賴卿等之力忠誠之心上格
天
祖之所致至於用人得人之功朕不辭也覽奏慶幸
嘉悦之懷實難筆諭默共勉之又勉慎之愈
慎也

雍正陸年捌月初肆日河東總督臣田文鏡

九一

奏

吏部尚書河南副總河兼管山東黃河堤工臣嵇曾筠謹

奏為恭報捌月水勢工程平穩情形上慰

聖懷事竊照本年黃河水勢伏秋交會之際既

慶安瀾現今捌月秋中更見循流順軌雖

據各廳陸續具報水勢疊次長發然並未

出漕泛漲臣往来河畔目擊濱河灘地黍

稷禾麻崇墉比櫛田夫野老築場納稼靡

不懽忻鼓舞共樂

昇平皆謂從来灘地惟望二麥有收今年水不

上灘支河堵塞秋間糧食亦加倍收成皆

荷

皇恩發帑修堤築壩故有十分豐裕之樂歲也

再查雷家寺開濬引河上年繪圖進呈
御覽欽奉
皇上硃批按圖
指示此支河雖在在險工尚有敵三家庄頂衝
之力此支河斷流則三家庄埽工當酌實留
心欽此欽遵仰見
聖明天縱洞照無遺臣自今年引河開放之後
時刻小心防範惟恐三家庄頂衝增重茲
查引河告成伏秋以来雷家寺數十里支
河業經淤斷化險為平而三家庄對面沙
灘紆迴曲折之間於趙家寨周家庄二處
又另刷支河二道復將頂衝大溜抵敵東
注是以三家庄埽工仍保護無虞臣乘舟
細看形勢見灘上新刷支河既無碍於堤
工而敵溜迴瀾實有裨於埽壩不勝驚異
欽服我
皇上睿慮如此其周詳而河神默佑亦即如此
其靈應皆由

聖主敬
天勤民一誠感召所致臣生逢
盛世親見
神祇嘉應之瑞深爲忻喜懽忭目今秋汛過
半工程可保無虞來歲修防事宜理應預
備亟宜趁此豐收採辦物料以爲下年之
用已據管河道河北道詳請酌發銀兩隨
飭照例節减速行採辦運貯工所外所有
捌月水勢工程平穩情形理合恭摺奏
聞敬慰
聖懷伏祈
皇上睿鑒謹
奏

深慰朕懷以手加額覽之

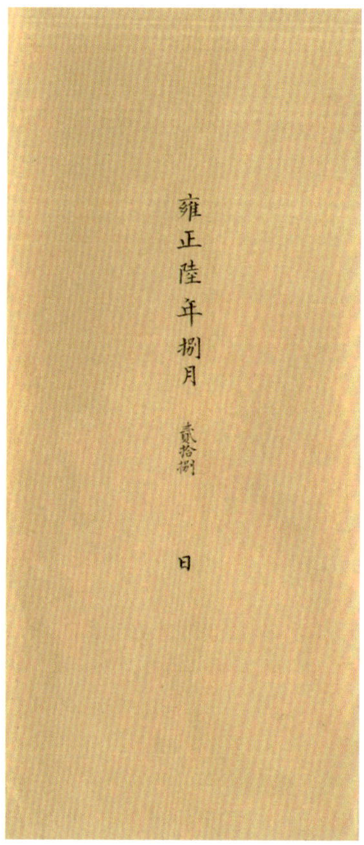

雍正陸年捌月貳拾捌日

九二

奏

吏部尚書河南副總河兼管山東黃河堤工臣嵇曾筠謹

奏為據情奏

聞事雍正陸年捌月貳拾陸日據協辦河務左

僉都御史臣徐湛恩咨為據實陳首咨請

代

奏事内開竊湛恩一介庸愚至微極陋叨蒙

聖祖仁皇帝格外

洪慈改授文職恭逢我

皇上秉乾御極不次超拔洊列僉都又蒙

皇上命往河南協辦河務

聖恩高厚未報涓埃惟有矢竭犬馬勉圖報稱

何敢稍存茍且之私以自棄於

聖明之世惟查湛恩前任山東按察司時前撫
臣陳世倌委署濟東道印務自雍正肆年
肆月初肆日任事起至陸月拾貳日卸事
止任内有州縣解交濟東道衙門驛站銀
叁千陸百柒拾兩零除解交接護濟東道
印務濟南府知府張體仁奏銷銀陸百兩
又發泗水壽張單縣德平四縣水旱災銀
貳百捌拾貳兩零外尚餘銀貳千柒百捌
拾柒兩零湛恩當因此項銀兩向為濟東
道養廉之項一時愚昧遂爾支用今閱邸
抄知濟東道之陋規與東省各道之養廉
多寡懸殊欽奉
嚴旨湛恩伏讀之下不勝惶愧恐懼伏念湛恩
署任兩月因循舊規冒昧取用罪實難逭
此時惶愧亦遲矣
叩懇
皇上天恩稍寬時日容湛恩設措還項理合據
朕中自有定限
實陳首懇祈代為陳
奏等情移咨到臣臣謹據情轉

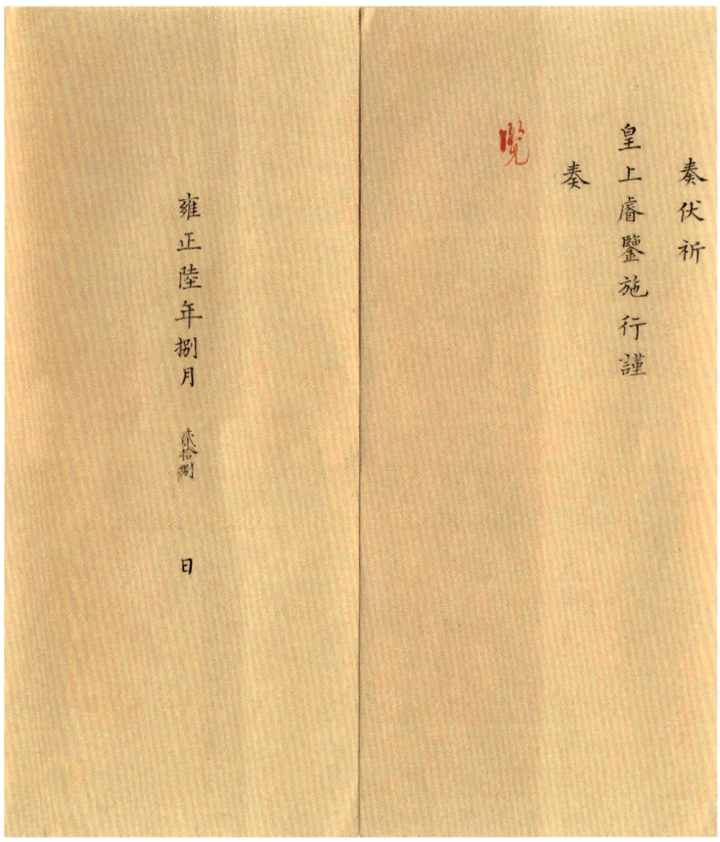
奏伏祈
皇上睿鑒施行謹
奏
覽
雍正陸年捌月　貳拾捌　日

九三

奏

吏部尚書河南副總河兼管山東黄河堤工臣嵇曾筠謹

奏爲恭謝

天恩事。雍正陸年捌月拾捌日，臣齎摺家人回

豫，敬捧

皇上恩賜克食月餅壹匣、風羊肉壹簍到工，臣

隨跪迎道左，恭設香案，望

闕叩頭謝

恩祇領訖。欽惟我

皇上

愷澤覃敷，

榮光遠被，

恩膏匝地，需雲爲飲食之占

法象同天湛露極涵濡之盛歡騰鼓腹感切
銘肌臣久沐
鴻慈深慚駑鈍昔依侍從曾邀
仙饌頻頒近事宣防疊荷
大庖殊錫脂凝白玉珍逾熊掌駝峯質儷紅
綾燦若珠聯璧合惟搓酥而滴粉實取調
和當洗髓而伐毛愈昭精潔感深節物慶
洽團圝分惠群僚均沾
寵渥仰
皇仁之養育原同造化生成拜
君賜之便蕃彌覺撫躬惕厲負山蚊力未報涓
埃向日葵誠幸蒙
洞照揚明輝於河畔遥連銀漢以為章廣畜牧
於田間務保金堤以孔固懽忭鼓舞祝
萬壽於無疆捧匊光華喜
重輪之有象臣不勝感激懽忭之至謹繕摺恭
謝
天恩伏祈

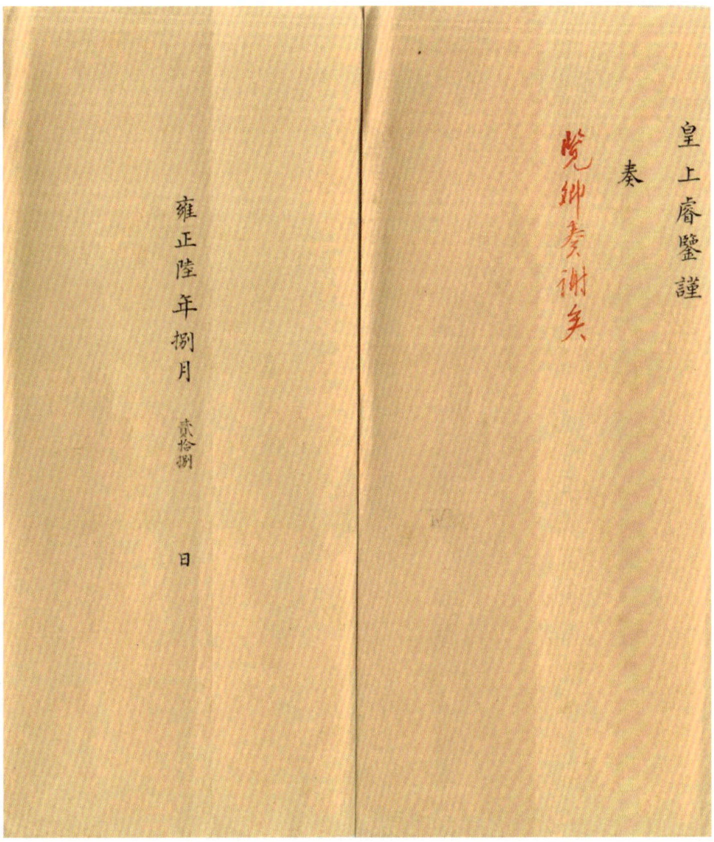

皇上睿鑒謹

奏

覽卿奏謝矣

雍正陸年捌月貳拾捌日

九四

奏

吏部尚書河南副總河兼管山東黃河堤工臣嵇曾筠謹

奏為秋汛已竣工程平穩敬慰

聖懷事竊照豫省河工蒙我

皇上宵旰憂勤綢繆未雨

乾綱獨斷發帑增培陸載以來河泓愈見刷深

工程俱極穩固現今霜降已過水勢歸漕

兩岸波澄一泓千里凡埽灣迎溜之處俱

有大埽長椿分排密佈畚鍤兵夫堡房相

接金堤屹峙保障重門濵河父老鼓腹含

哺閭井農民歌衢擊壤靡不懽呼

萬歲頂祝

聖壽無疆伏思豫省工程告竣自武陟以下從

前被水之區今日皆成沃壤如蘭陽儀封
北岸最稱險要茲因雷家寺引河告成舊
日河身淤爲平陸現在居民紛紛認種欣
欣有喜咸謂數年前溜走支河灘地失收
今則大溜全歸引河數十里涸出地畝俱
堪耕穫皆賴
聖天子愛惜小民動用錢糧幫大堤補月堤堵
支河開引河所以五穀盡穫豐登尺地皆
成樂土小民何幸而得生於
聖人之世享此
太平之福也臣往来豫兖目覩民安物阜氣象
光昌萬井千村烟火相望自今以後遞年
修守河日深而岸日高灘地愈墾而民食
愈足教養兼施民風丕變
聖人在上湛恩汪濊億萬斯年均沐
皇上平成之賜矣臣不勝額手慶幸至来歲修
防事宜臣現在督催辦料運貯工所曉諭
兵夫堆積土牛修整残缺斷不敢以堤工

穩固稍懈巡查除秋汛水勢工程平穩情
形業經會疏具
題外理合繕摺恭
奏敬慰
聖懷伏祈
皇上睿鑒謹
奏

實慰朕懷此皆卿等忠誠任事之所致嘉悅之情
筆難宣諭惟期爾卿等勉之又勉慎之愈慎
耳

雍正陸年拾月　　　日

九五

奏

吏部尚書河南副總河兼管山東黄河堤工臣嵇曾筠謹

奏為

聖治教忠恩重微臣奉祀情懇謹瀝誠叩懇仰

祈

睿鑒事竊臣一介菲材生逢

盛世幸邀

聖主知遇之隆優容之德生成豢養

教誨周詳葵藿有心

高深難報撫衷悚惕無地自容惟有矢竭血誠

勉効犬馬上副

皇上教忠之至意耳今臣有下情不敢不瀝陳

於

聖主之前者竊臣父永仁以生員殉節臣母楊
氏以青年守志臣伶仃孤孑賴母紡織教
養成人欽蒙
聖恩逾格起拔臣父臣母久荷
國恩優加旌奬又於雍正元年玖月初伍日欽
奉
恩詔凡忠孝節義之人俱得建祠崇祀闡幽光
而垂永久地方官吏欽遵奉行表揚
盛典亘古所無而臣父永仁抗節捐軀舍生取
義更蒙
皇上高天洪造崇奬
温綸頒示中外捧誦迴環涕零如雨臣一家父
母存殁沾
恩光榮已極臣何敢再萌分外之求惟是設位
建坊者
聖世闡幽之特典而香火奉祀者微臣為子之
愚忱臣擬於原籍無錫縣慧山購覔數椽
房屋供立臣父牌位另為子孫世守祠

第查臣父現在未遇
覃恩牌位贈銜未敢冒昧更易可否叩懇
皇上格外洪慈允臣所請
恩賜臣父永仁牌位贈銜照臣曾筠現在尚書
照汝所書銜賜書
職銜開寫敬懇
皇上恩賞
俟有旨不得瀆
御書區額表彰忠節懸掛中庭光輝山岳不特
臣父永仁卹結九原微臣母子及世世子
孫均頂祝
恩光於無既矣臣不揣冒昧謹瀝誠叩懇繕摺
恭
奏伏祈
皇上睿鑒謹
奏
覽

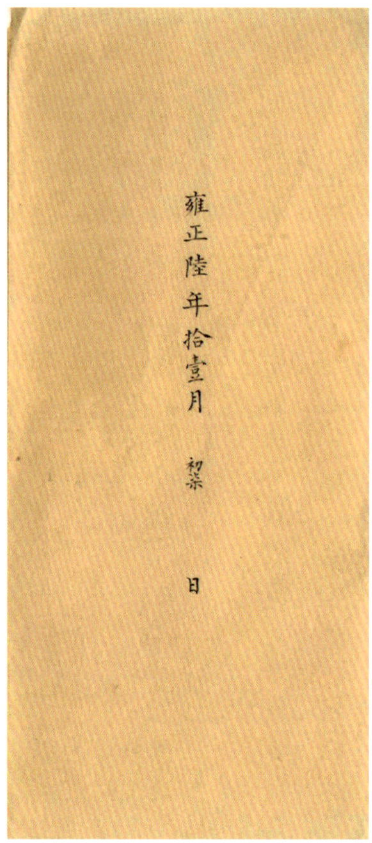
雍正陸年拾壹月　初柒　日

九六

奏

吏部尚書河南副總河兼管山東黃河堤工臣嵇曾筠謹

奏為欽奉

上諭事竊臣於雍正陸年捌月拾貳日准吏部

咨文開載

聖諭各省内或有尚未分給養廉之員着各督

撫悉心商酌一面辦理一面奏聞欽此欽遵

臣跪讀

訓旨愷切周詳仰見我

皇上整肅官方體恤臣工仁育義正之至意臣

等敢不敬謹凜遵交相黽勉以圖報稱竊

臣曾筠備員河干並無寸長足録荷蒙

皇上天恩高厚

溫諭頻頒
特賜臣養廉銀陸千兩臣不勝感激涕零伏念
臣來往巡查兩岸凡一應心紅紙張車輛
僕從書辦差役飯食盤纏及日用薪水犒
賞兵夫喂養牲口之需均得霑沐
皇恩俯仰有資矣惟查協辦河務左僉都御史
臣徐湛恩自奉
命到工凡遇險要臣不及分身之處皆與湛恩
分投搶護協力辦理臣見其日給薪水及
出門車馬等費亦甚拮据臣若坐視而不
代為籌畫殊非協恭辦事之誼臣謹推廣
皇仁擬於
恩賞臣養廉銀内分給〔不必〕貳千兩與湛恩以為養
廉之用俾日用有資庶幾尚心辦公砥礪
廉隅交相勸勉而於協理工程亦益加鼓
勵矣臣謹繕摺恭
奏伏祈
皇上睿鑒施行謹

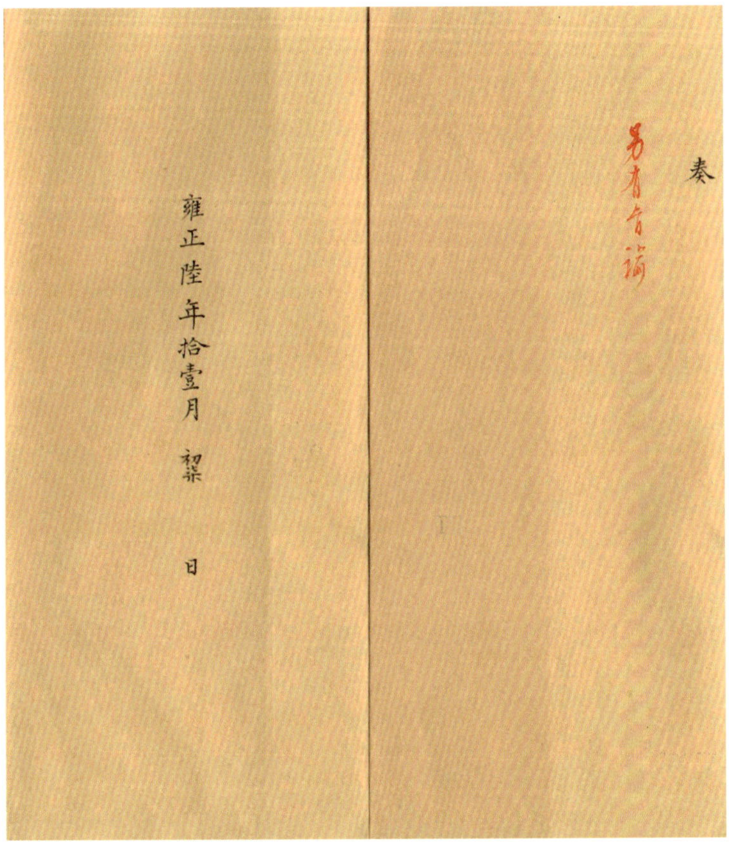

另有旨諭
奏

雍正陸年拾壹月初柒日

九七

奏

吏部尚書河南副總河兼管山東黃河堤工臣嵇曾筠謹

奏爲恭謝

天恩事雍正陸年拾月貳拾貳日臣於東省工

次齎摺家人敬捧

皇上恩賜哈密瓜到臣隨跪迎道左恭設香案

望

闕叩頭謝

恩祇領訖欽惟我

皇上

光被八埏

恩敷萬彙

春華秋實聿昭品物之咸亨

岳貢川呈快覩太和之翔洽臣自憐弱植幸
荷
栽培屢沐
榮施未能報稱依蒲在藻河干之瞻戀歷久彌
殷食蔗傳柑
日下之寵光有加靡已圓篚捧出疊
賜嘉瓜法盞盛來總叨
殊錫天香滿袖原從
天上分頒雲液凝盤謹向
雲端拜舞仰
皇恩之愈渥浹髓淪膚戴
聖德以增輝懷丹被緑河山奠定表職貢於遐
方雲漢昭回驗豐亨於列宿遥知蕃衍秀
徧中田永賴
生成惠周薄海感同承
露敬分潤於羣工飲代凝冰勵清心於夙夜繪
豳風以介壽壺苴並茂歡騰七月之詩賡
禹甸以數仁疆場既均弘啟

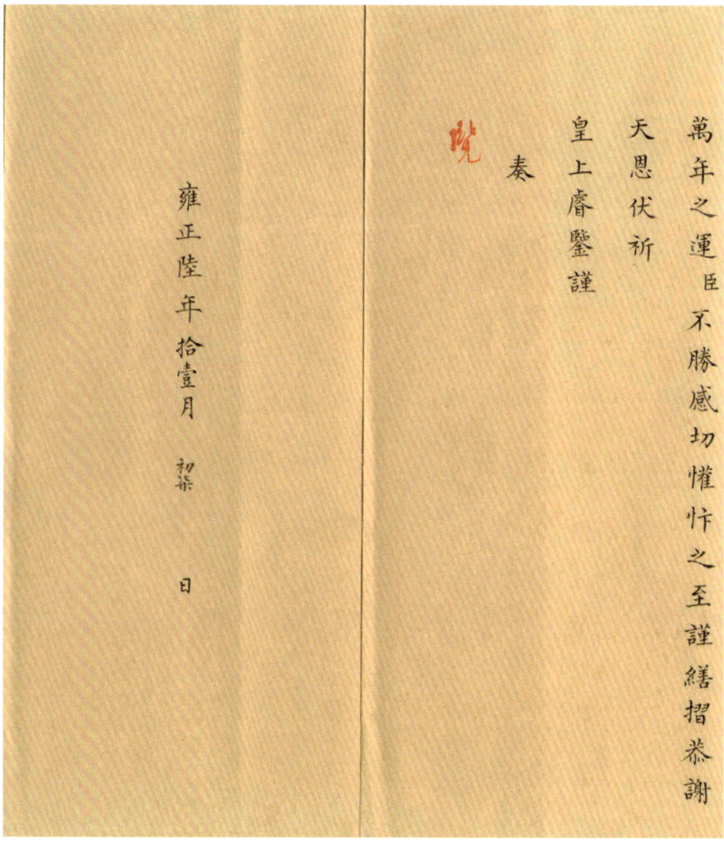

萬年之運臣不勝感切懽忭之至謹繕摺恭謝

天恩伏祈

皇上睿鑒謹

奏

覽

雍正陸年拾壹月初柒日

九八

奏

吏部尚書河南副總河兼管山東黃河堤工臣嵇曾筠謹

奏為恭謝

天恩事雍正陸年拾貳月初壹日臣齎摺家人

回豫敬捧

皇上恩賜湯羊全隻到工臣隨跪迎道左恭設

香案望

闕叩頭謝

恩祗領訖欽惟我

皇上

兌澤覃敷

巽風普被

至仁育物生成昭咸若之休

善政養人愷樂偕泰文之盛惠流湛露慶洽
需雲臣河畔馳驅自慚素食
日邊寵渥歲賜黃羊角斑有類於懷瓊脂白尤
宜於北王拜大庖之異饌久沐
鴻慈頒上品之仙脯頻邀
殊錫熟而後薦總叨
君賜之榮敬以先嘗儼覺
天顏之近奉
隆施以遺母喜溢槃匜分餘潤於屬員光生匕
著飲和食德感沁心脾趨事赴工誓靡頂
踵虀鹽隨分守儉素之家風犬馬知恩荷
皇仁之豢養保金堤於兩岸農家之畜產滋蕃
調玉燭於萬年爾牧之來思愈廣如遊文
囿統百物以蒙庥載誦豳風竭一誠以介
壽臣不勝感切懽忭之至謹繕摺恭謝
天恩伏祈
皇上睿鑒謹
奏

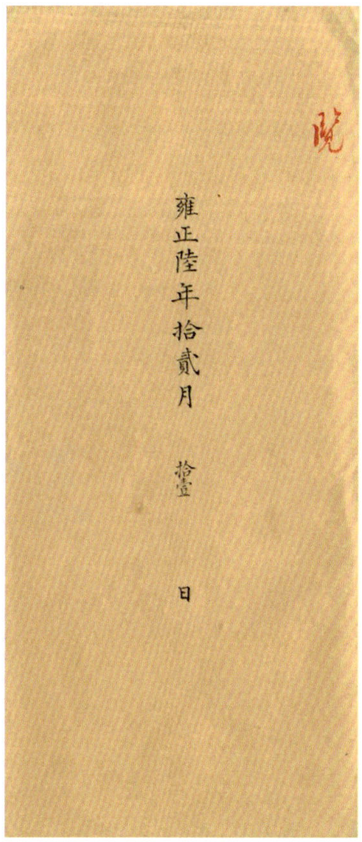

覽

雍正陸年拾貳月拾壹日

九九

奏

吏部尚書河南副總河兼管山東黄河堤工臣嵇曾筠謹

奏爲運河水勢深通黄河料物齊備敬慰

聖懷事竊照豫省漕糧全資丹衛二水濟運自

蒙我

皇上欽賜衛河源神靈源昭瑞匾額新泉涣發

愈加滂沛現今時值隆冬各道泉源湧注

與丹河合流濟運現今探量水勢深有伍

陸柒尺不等漕艘通行俱陸續催儹出境

至黄河歲修料物早已撥帑採辦現皆運

貯堤工查各廳汛俱照臣條奏每稭草百

觔用價柒分購買又時值年豊是以動用

錢糧較上年減省而所辦料物較上年更

多臣往來目覩各工料物堆積崇墉來歲
修守可以有備無患矣臣因接准部文欽
遵
諭旨致祭嘉應觀
河神即由蘭陽起程前往武陟於拾貳月初
玖日虔誠敬謹肅將
祀典訖隨即一路查勘豫東黃河兩岸工程
趁此水落歸漕凡應修應補之處預為相
度以便明歲春和加工并督率兵夫住宿
堡房積土種柳歲暮天寒守望相助千里
長堤查察謹嚴附近居民寧謐安堵所有
運河水勢深通黃河料物齊備情形謹恭
摺奏
聞仰慰
聖懷伏祈
皇上睿鑒謹
奏

欣悅覽之閲你諸事措置之力甚欠往之推委

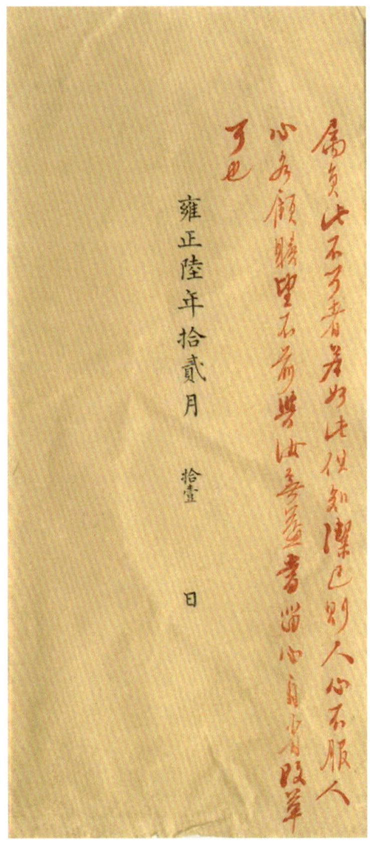

雍正陸年拾貳月　拾壹　日

一〇〇

奏

吏部尚書河南副總河兼管山東黄河堤工臣嵇曽筠謹

奏為據情代奏恭謝

天恩事雍正陸年拾貳月貳拾日准署理山東

撫臣岳濬咨稱雍正陸年拾壹月貳拾肆

日承准和碩怡親王大學士公馬爾賽大

學士張廷玉蔣廷錫字開雍正陸年拾壹

月拾玖日奉

上諭據副總河嵇曽筠奏稱協理河務僉都御

史徐湛恩任内並無養廉之項請將每年賞

伊之養廉銀六千兩内分出二千兩給與徐

湛恩等語朕思嵇曽筠養廉之項僅可敷自

已用度爾等可寄字與河南山東兩省督撫

着每年於存公銀兩內各撥給銀一千兩合
為二千兩與徐湛恩為養廉之資欽此遵
旨寄信前來巡撫應遵
諭行等因咨會到臣隨即移咨僉都御史臣徐
湛恩查照欽遵去後據徐湛恩咨稱竊湛
恩一介庸愚至微極陋荷蒙
聖祖仁皇帝格外
寵施由侍衛改授部郎復蒙
皇上隆恩不次拔擢洊列僉都御史欽奉
諭旨命往河南協辦河工事務
天恩優渥
眷注靡已雖捐糜頂踵未能報稱今復荷
聖恩賞給養廉銀二千兩聞
命之下惶感無地隨恭設香案望
闕九叩謝
恩竊思恩何人斯乃叨蒙我
皇上隆恩有加無已若是感激倍深曷勝惶悚
惟有夙勤夙慎竭盡犬馬以圖仰報

天高地厚之恩於萬一耳為此咨懇代
奏等因到臣理合據情轉
奏再臣曾筠荷蒙
天恩高厚賞給養廉銀六千兩日用有資感激
無地臣前
奏請分給湛恩銀二千兩原係臣慎重公帑
推廣
皇仁之一點愚誠荷蒙
皇上浩蕩洪慈體恤備至欽奉
溫綸另行撥給不特湛恩啣感
高深而微臣之頂戴
隆施實生生世世難以報稱惟有愈加黽勉竭
力宣防砥礪廉隅冀盡犬馬之微忱耳所
有臣曾筠與僉都御史臣徐湛恩感激情
由理合繕摺一併叩謝
天恩伏祈
皇上睿鑒謹
奏

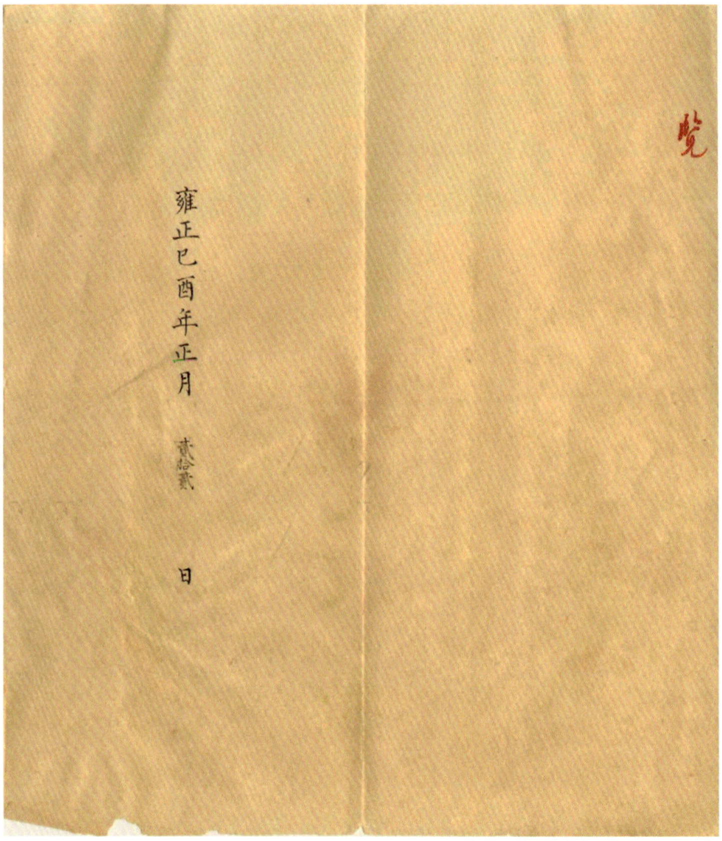
覽

雍正己酉年正月　貳拾貳　日

後記

我是從數學史學習中逐步瞭解治黄史的。漢代《許商算術》的作者許商，好天文術數之事的王景、李尋善，他們既是數學家，又以治理黄河而聞名。我國現存最早的河工著作《河防通議》，將中國古典數學天元術運用到治黄工程中，創造了中國古代工程數學的一個高峰。除了數學史之外，内蒙古師範大學科學技術史研究還以少數民族科技史和地方科技史見長。李迪先生曾指出地方科技史研究的重要内容是人與自然環境變遷、科技遺迹與自然環境以及環境與生産的關係，此類研究具有明顯的現實意義和重要價值。想要通過大科學史研究，弄清變遷的原因和未來的發展趨勢，産出對于地方各方面的開發有更大、更直接價值的成果，這類研究大多離不開文獻。之後，李迪先生更是直接指出科技史研究不僅是對過去的科技工作和科技成果的回顧與總結，而且要着眼于現代，讓古人的發明創造爲今人服務，繼續在現代發揮其應有的作用。我將先生大科學史的治學理念視爲座右銘，在科研工作中更加注重讓科研成果服務于國家戰略與區域發展需求。

二〇一九年九月，習近平總書記在黄河流域生態保護和高質量發展座談會上指出，黄河流域在我國經濟社會發展和生態安全方面具有十分重要的地位。黄河流域生態保護和高質量發展是重大國家戰略。同年十月，黨的十九届四中全會提出『加强邊疆治理，推進興邊富民』，首次把邊疆治理寫入黨的文件。内蒙古師範大學組織科研力量，積極申報研究闡釋黨的十九届四中全會精神的國家社科基金重大項目，其中『中國特色社會主義民族區域自治制度自信研究』項目獲批。我承擔其中的『鑄牢中華民族共同體意識下的民族自治地方文化自信研究』子課題，而黄河是首選文化要素。二〇二四年，該項目順利結項，我也對黄河文化所藴含的時代價值有了更深的體會。

有鑒于此，我帶領文化遺産智能應用服務中華民族共同體建設『英才興蒙』團隊，以黄河爲主題，開展了文獻、文物、傳統工藝等多模態資源庫建設和跨模態應用示範工作。這次與内蒙古人民出版社合作出版的《黄河國家治理文獻集成》，旨在梳理和總結文獻中所藴含的歷史經驗和文化信息，爲當代及未來的黄河治理和地方文旅産業發展提供參考與借鑒。

感謝内蒙古民族文化産業研究院、巴彦淖爾市圖書館等单位的傾力相助，感謝内蒙古自治區黨委宣傳部、内蒙古出版集團、内蒙古人民出版社對本項目的支持與幫助。

在此，也向致力于黄河治理和大河安瀾的歷代先賢與當代典範表達崇高的敬意：你們的不懈努力與無私奉獻，爲黄河的安寧與人民的福祉築起了堅實的防綫；你們的智慧與勇氣，將永遠銘刻在中華民族的歷史豐碑上，激勵後人不斷前行。

董杰

二〇二五年一月